U0513823

# 历代家训名篇
# 译注

［蜀汉］诸葛亮
［宋］范仲淹 等 著
余进江 选编 译注

上海古籍出版社

"十三五"国家重点图书出版规划项目

上海市促进文化创意产业发展财政扶持资金资助项目

# 目录

# "中华家训导读译注丛书"出版缘起

## 一、家训与传统文化

中国传统文化的复兴已然是大势所趋，无可阻挡。而真正的文化振兴，随着发展的深入，必然是由表及里，逐渐贴近文化的实质，即回到实践中，在现实生活中发挥作用，影响和改变个人的生活观念、生命状态，乃至改变社会生态，而不是仅仅停留在学院中的纸上谈兵，或是媒体上的自我作秀。这也已然为近年的发展进程所证实。

文化的传承，通常是在精英和民众两个层面上进行，前者通过经典研学和师弟传习而薪火相传，后者沉淀为社会价值观念、化为乡风民俗而代代相承。这两个层面是如何发生联系的，上层是如何向下层渗透的呢？中华文化悠久的家训传统，无疑在其中起到了重要作用。士子学人（文化精英)将经典的基本精神、个人习得的实践经验转化为家训家规教育家族子弟,而其中有些家训,由于家族的兴旺发达和名人代出,具有很好的示范效应,而得以向外传播,飞入寻常百姓家,进而为人们代代传诵,其本身也具有经典的意味了。由本丛书原著者一长串响亮的名字可以看到,这些著作者本身是文化精英的代表人物,这使得家训一方面融入了经典的精神,一方面为了使年幼或文化根基不厚的子弟能够理解,并在日常生活中实行,家训通常将经典的语言转化为日常话语,也更注重实践的方便易行。从这个意义上说,家训是经典的通俗版本,换言之,家训是我们重新亲近经典的桥梁。

对于从小接受现代教育(某种模式的西式教育)的国人,经典通常显得艰深而难以接近(其中的原因,下文再作分析),而从家训入手,就亲切得多。家训不仅理论话语较少,更通俗易懂,还常结合身边的或历史上的事例启发劝导子弟,特别注重从培养良好的生活礼仪习惯做起,从身边的小事做起,这使得传统文化注重实践的本质凸显出来(当然经典也是在在处处都强调实践的,只是现代教育模式使得经典的实践本质很容易被遮蔽)。因此,现代人学习传统文化,从家训入手,不失为一个可靠而方便的途径。

此外,很多人学习家训,或者让孩子读诵家训,是为了教育下一代,这是家训学习更直接的目的。年青一代的父母,越来越认识到家庭教育的重要性,并且在当前的语境中,从传统文化为内容的家庭教育可以在很大程度上弥补学校教育的缺陷。这个问题由来已久,自从传统教育让位于西式学校教育（这个转变距今大约已有一百年）以来，很多有识之士认识到，以培养完满人格为目的、德育为核心的传统教育，被以知识技能教育为主的学校教育取代，因而不但在教育领域产生了诸多问题，并且是很多社会问题的根源。在呼吁改革学校教育的同时，很多文化精英选择了加强家庭教育来做弥补，比如被称为"史上最强老爸"的梁启超自己开展以传统德育为主的家庭教育配合西式学校，成就了"一门三院士，九子皆才俊"的佳话（可参阅上海古籍出版社《我们今天怎样做父亲——梁启超谈家庭教育》）。

本丛书即是基于以上两个需求，为有志于亲近经典和传统文化的人，为有意尝试以传统文化为内容的家庭教育、希望与儿女共同学习成长的朋友量身定做的。丛书精选了历史上最有代表性的家训著作，希望为他们提供切合实用的引导和帮助。


## 二、读古书的障碍

现代人读古书，概括说来，其难点有二：首先是由于文言文接触太少，不熟悉繁体字等原因，造成语言文字方面的障碍。不过通过查字典、借助注释等办法，这个困难还是相对容易解决的。更大的障碍来自第二个难点，即由于文化的断层，教育目标、教育方式的重大转变，使得现代人对于古典教育、对于传统文化产生了根本性的隔阂，这种隔阂会反过来导致对语词的理解偏差或意义遮蔽。

试举一例。《论语》开篇第一章：

子曰："学而时习之，不亦说（"说"，通"悦"）乎？有朋自远方来，不亦乐乎？人不知而不愠，不亦君子乎？"

字面意思很简单，翻译也不困难。但是，如何理解句子的真实含义，对于现代人却是一个考验。比如第一句，"学而时习之"，很容易想当然地把这里的"学"等同于现代教育的"学习知识"，那么"习"就成了"复习功课"的意思，全句就理解为学习了新知识、新课程，要经常复习它——一直到现在，中小学在教这篇课文时，基本还是这么解释的。但是这里有个疑问：我们每天复习功课，真的会很快乐吗？

对古典教育和传统文化有所理解的人，很容易看到，这里发生了根本性的理解偏差。古人学习的目的跟现代教育不一样，其根本目的是培养一个人的德行，成就一个人格完满、生命充盈的人，所以《论语》通篇都在讲"学"，却主要不是传授知识，而是在讲做人的道理、成就君子的方法。学习了这些道理和方法，不是为了记忆和考试，而是为了在生活实践中去运用、在运用时去体验，体验到了、内化为生命的一部分才是真正的获得，真正的"得"即生命的充盈，这样才能开显出智慧，才能在生活中运用无穷（所以孟子说：学贵"自得"，自得才能"居之安""资之深"，才能"取之左右逢其源"）。如此这般的"学习"，即是走出一条提升道德和生命境界的道路，到达一定生命境界高度的人就称之为君子、圣贤。养成这样的生命境界，是一切学问和事业的根本（因此《大学》说"自天子以至于庶人，壹是皆以修身为本"），这样的修身之学也就是中国文化的根本。

所以，"学而时习之"的"习"，是实践、实习的意思，这句话是说，通过跟从老师或读经典，懂得了做人的道理、成为君子的方法，就要在生活实践中不断（时时）运用和体会，这样不断地实践就会使生命逐渐充实，由于生命的充实，自然会由内心生发喜悦，这种喜悦是生命本身产生的，不是外部给予的，因此说"不亦说乎"。

接下来，"有朋自远方来，不亦乐乎"，是指志同道合的朋友在一起共学，互相交流切磋，生命的喜悦会因生命间的互动和感应，得到加强并洋溢于外，称之为"乐"。

如果明白了学习是为了完满生命、自我成长，那么自然就明白了为什么会"人不知而不愠"。因为学习并不是为了获得好成绩、找到好工作，或者得到别人的夸奖；由生命本身生发的快乐既然不是外部给予的，当然也是别人夺不走的，那么别人不理解你、不知道你，不会影响到你的快乐，自然也就不会感到郁闷（"人不知而不愠"）了。

以上的这种理解并非新创。从南朝皇侃的《论语义疏》到宋朱熹的《论语集注》（朱熹《集注》一直到清朝都是最权威和最流行的注本），这种解释一直占主流地位。那么问题来了，为什么当代那么多专家学者对此视而不见呢？程树德曾一语道破："今人以求知识为学，古人则以修身为学。"（见程先生撰于 1940 年代的《论语集释》）之所以很多人会误解这三句话，是由于对古典教育、传统文化的根本宗旨不了解，或者不认同，导致在理解和解释的时候先入为主，自觉或不自觉地用了现代观念去"曲解"古人。因此,若使经典和传统文化在今天重新发挥作用,首先需要站在古人的角度理解经典本身的主旨,为此,在诠释经典时,就需要在经典本身的义理与现代观念之间,有一个对照的意识,站在读者的角度考虑哪些地方容易产生上述的理解偏差,有针对性地作出解释和引导。

### 三、家训怎么读

基于以上认识,本丛书尝试从以下几个方面加以引导。首先,在每种书前冠以导读,对作者和成书背景做概括介绍,重点说明如何以实践为中心读这本书。

再者,在注释和白话翻译时尽量站在读者的立场,思考可能发生的遮蔽和误解,加以解释和引导。

第三,本丛书在形式上有一个新颖之处,即在每个段落或章节下增设"实践要点"环节,它的作用有三:一是说明段落或章节的主旨。尽量避免读者仅作知识性的理解,引导读者往生活实践方面体会和领悟。

二是进一步扫除遮蔽和误解,防止偏差。观念上的遮蔽和误解,往往先入为主比较顽固,仅仅靠"简注"和"译文"还是容易被忽略,或许读者因此又产生了新的疑惑,需要进一步解释和消除。比如,对于家训中的主要内容——忠孝——现代人往往从"权利平等"的角度出发,想当然地认为提倡忠孝就是等级压迫。从经典的本义来说,忠、孝在各自的语境中都包含一对关系,即君臣关系(可以涵盖上下级关系),父子关系;并且对关系的双方都有要求,孔子说"君君、臣臣、父父、子子",是说君要有君的样子，臣要有臣的样子，父要有父的样子，子要有子的样子，对双方都有要求，而不是仅仅对臣和子有要求。更重要的是，这个要求是"反求诸己"的，就是各自要求自己，而不是要求对方，比如做君主的应该时时反观内省是不是做到了仁（爱民），做大臣的反观内省是不是做到了忠；做父亲的反观内省是不是做到了慈，做儿子的反观内省是不是做到了孝。（《礼记·礼运》："何谓人义？父慈、子孝，兄良、弟悌，夫义、妇听，长惠、幼顺，君仁、臣忠。"）如果只是要求对方做到，自己却不做，就完全背离了本义。如果我们不了解"一对关系"和"自我要求"这两点，就会发生误解。

再比如古人讲"夫妇有别"，现代人很容易理解成男女不平等。这里的"别"，是从男女的生理、心理差别出发，进而在社会分工和责任承担方面有所区别。不是从权利的角度说，更不是人格的不平等。古人以乾坤二卦象征男女，乾卦的特质是刚健有为，坤卦的特征是宁顺贞静，乾德主动，坤德顺乾德而动；二者又是互补的关系，乾坤和谐，天地交感，才能生成万物。对应到夫妇关系上，做丈夫需要有担当精神，把握方向，但须动之以义，做出符合正义、顺应道理的选择，这样妻子才能顺之而动（"夫义妇听"），如果丈夫行为不合正义，怎能要求妻子盲目顺从呢？同时，坤德不仅仅是柔顺，还有"直方"的特点（《易经·坤·象》："六二之动，直以方也"），做妻子也有正直端方、勇于承担的一面。在传统家庭中，如果丈夫比较昏暗懦弱，妻子或母亲往往默默支撑起整个家庭。总之，夫妇有别，也需要把握住"一对关系"和"自我要求"两个要点来理解。

除了以上所说首先需要理解经典的本义，把握传统文化的根本精神，同时也需要看到，经典和文化的本义在具体的历史环境中可能发生偏离甚至扭曲。当一种文化或价值观转化为社会规范或民俗习惯，如果这期间缺少文化精英的引领和示范作用，社会规范和道德话语权很容易被权力所掌控，这时往往表现为，在一对关系中，强势的一方对自己缺少约束，而是单方面要求另一方，这时就背离了经典和文化本义，相应的历史阶段就进入了文化衰敝期。比如在清末，文化精神衰落，礼教丧失了其内在的精神（孔子的感叹"礼云礼云，玉帛云乎哉？乐云乐云，钟鼓云乎哉？"就是强调礼乐有其内在的精神，这个才是根本），成了僵化和束缚人性的东西。五四时期的很大一部分人正是看到这种情况（比如鲁迅说"吃人的礼教"），而站到了批判传统的立场上。要知道，五四所批判的现象正是传统文化精神衰敝的结果，而非传统文化精神的正常表现；当代人如果不了解这一点，只是沿袭前代人一些有具体语境的话语，其结果必然是道听途说、以讹传讹。而我们现在要做的，首先是正本清源，了解经典的本义和文化的基本精神，在此基础上学习和运用其实践方法。

三是提示家训中的道理和方法如何在现代生活实践中应用。其中关键的地方是，由于古今社会条件发生了变化，如何在现代生活中保持家训的精神和原则，而在具体运用时加以调适。一个突出的例子是女子的自我修养，即所谓"女德"，随着一些有争议的社会事件的出现，现在这个词有点被污名化了。前面讲到，传统的道德讲究"反求诸己"，女德本来也是女子对道德修养的自我要求，并且与男子一方的自我要求（不妨称为"男德"）

相配合，而不应是社会（或男方）强加给女子的束缚。在家训的解读时，首先需要依据上述经典和文化本义，对内容加以分析，如果家训本身存在僵化和偏差，应该予以辨明。其次随着社会环境的变化，具体实践的方式方法也会发生变化。比如现代女子走出家庭，大多数女性与男性一样承担社会职业，那么再完全照搬原来针对限于家庭角色的女子设置的条目，就不太适用了。具体如何调适，涉及具体内容时会有相应的解说和建议，但基本原则与"男德"是一样的，即把握"女德"和"女礼"的精神，调适德的运用和礼的条目。此即古人一面说"天不变道亦不变"（董仲舒语），一面说礼应该随时"损益"（见《论语·为政》）的意思。当然，如何调适的问题比较重大，"实践要点"中也只能提出编注者的个人意见，或者提供一个思路供读者参考。

综上所述，丛书的全部体例设置都围绕"实践"，有总括介绍、有具体分析，反复致意，不厌其详，其目的端在于针对根深蒂固的"现代习惯"，不断提醒，回到经典的本义和中华文化的根本。基于此，丛书的编写或可看做是文化复兴过程中，返本开新的一个具体实验。

## 四、因缘时节

"人能弘道，非道弘人。"当此文化复兴由表及里之际，急需勇于担当、解行相应的仁人志士；传统文化的普及传播，更是迫切需要一批深入经典、有真实体验又肯踏实做基础工作的人。丛书的启动，需要找到符合上述条件的编撰者，我深知实非易事。首先想到的是陈椰博士，陈博士生长于宗族祠堂多有保留、古风犹存的潮汕地区，对明清儒学深入民间、淳化乡里的效验有亲切的体会；令我喜出望外的是，陈博士不但立即答应选编一本《王阳明家训》，还推荐了好几位同道。通过随后成立的这个写作团队，我了解到在中山大学哲学博士（在读的和已毕业的）中间，有一拨有志于传统修身之学的朋友，我想，这和中山大学的学习氛围有关——五六年前，当时独学而少友的我惊喜地发现，中大有几位深入修身之学的前辈老师已默默耕耘多年，这在全国高校中是少见的，没想到这么快就有一批年轻的学人成长起来了。

郭海鹰博士负责搜集了家训名著名篇的全部书目，我与陈、郭等博士一起商量编选办法，决定以三种形式组成"中华家训导读译注丛书"：一、历史上已有成书的家训名著，如《颜氏家训》《温公家范》；二、在前人原有成书的基础上增补而成为更完善的版本，如《曾国藩家训》《吕留良家训》；三、新编家训，择取有重大影响的名家大儒家训类文章选编成书，如《王阳明家训》《王心斋家训》；四、历史上著名的单篇家训另外汇编成一册，名为《历代家训名篇》。考虑到丛书选目中有两种女德方面的名著，特别邀请了广州城市职业学院教授、国学院院长宋婕老师加盟，宋老师同样是中山大学哲学博士出身，学养深厚且长期从事传统文化的教育和弘扬。在丛书编撰的中期，又有从商界急流勇退、投身民间国学教育多年的邵逝夫先生，精研明清家训家风和浙西地方文化的张天杰博士的加盟，张博士及其友朋团队不仅补了《曾国藩家训》的缺，还带来了另外四种明清家训；至此丛书全部 12 册的内容和编撰者全部落实。丛书不仅顺利获得上海古籍出版社的选题立项，且有幸列入"十三五"国家重点图书出版规划增补项目，并获上海市促进文化创意产业发展财政扶持资金（成果资助类项目—新闻出版）资助。

由于全体编撰者的和合发心，感召到诸多师友的鼎力相助，获致多方善缘的积极促成，"中华家训导读译注丛书"得以顺利出版。

这套丛书只是我们顺应历史要求的一点尝试，编写团队勉力为之，但因为自身修养和能力所限，丛书能够在多大程度上实现当初的设想，于我心有惴惴焉。目前能做到的，只是自尽其心，把编撰和出版当做是自我学习的机会，一面希冀这套书给读者朋友提供一点帮助，能够使更多的人亲近传统文化，一面祈愿借助这个平台，与更多的同道建立联系，切磋交流，为更符合时代要求的贤才和著作的出现，做一颗铺路石。

刘海滨

2019 年 8 月 30 日，己亥年八月初一

# 导　读

　　家训，顾名思义，是父母对子女或者长辈对家族内的后生进行训诫规劝的文字。家庭或者家族是社会的基本组成单位，良好的家教，是家庭乃至家族能够长久保持稳定兴盛的基础。弘扬家教，端赖家训。最早的家训在上古社会已经出现，据《尚书·五子之歌》记载，太康失国之后，其弟五人追述了先祖大禹的遗训，以表达他们对太康沉溺游乐荒废政事的批评和怨愤。殷周之后，随着宗法制度的建立和完备，家庭和家族不仅是私人领域，也是政治生活的核心，家训更是大量出现，《尚书》所记，文、武、周、召、成王等都有大量的对子孙和大臣的训诫。到了春秋战国时期，随着学术下移，士人阶层兴起，中国文化进入繁荣时期，产生了不少有关家庭教育的传世佳话，如孔子有过庭之训，孟母有断织教子。汉兴以后，大一统社会逐步形成，儒家思想成为社会意识形态的主要组成部分，家训非常集中地体现了儒家思想的影响，并开始有独立成篇的家训文本，进而有像南北朝末年颜之推《颜氏家训》这样的家训专著产生。《颜氏家训》之后，历代家训传世者多达数百种，在历史上产生过重要影响的思想家、政治家、军事家，大多有家训名篇传世。

古人家训所涉及的内容极广，立身、齐家、交友、处事、治学乃至于养生，无所不该。总体来说，关于家庭伦理的述说和训诫是其基本内容，就家族内部而言，自家先人的成就有着极强的鞭策意义，立言传家，家族后辈如同亲承教诲，有了血缘的维系，其意义自是无可替代。而就今人而言，古人家训对于现代生活是否还具有积极的意义，答案显然也是肯定的。然而现代社会的生活场景毕竟与古代差别巨大，传统伦理所要求的行为规则，例如孝、悌、忠、信，不管哪一个，在现代生活当中，所实施的具体环境都有极大的改变。随之而来的，就是传统观念与现代生活本身所隐含的规则之间的矛盾。一方面，人们对于传统有一种乡愁式的温情；另一方面，上面所讲的这种矛盾又在不断地显现，引人注目。这其实是今天我们面对传统伦理的一个基本心理状态。

古代社会总体来讲是一个熟人社会，而现代社会更多的是一个陌生人社会，以孝、悌、忠、信为儒家核心伦理，或许可以处理亲人甚至熟人的关系，但是需要处理陌生人关系的时候，往往缺乏成熟的设计，其根本原因不在于儒家伦理是否具有普世性，而在于由生产关系、技术发展等因素所导致的社会结构和社会秩序的改变与演进，已经远远超出古人的生活经验。在公共生活领域，不管是在政治、经济、文化哪一种场域下，人际交往的逻辑、规则以及所凭借的具体条件，和古代都有相当大的区别。例如在政治方面，起码在名义上"父母官"变成了"公仆"，更不用说君臣关系早已消失；在经济方面，商品生产与消费取代农业生产和地租成为主要的社会经济活动。另外，这种改变不仅仅使陌生人交往的需求极大地增加了，就算是家庭或家族内部成员之间的相处方式也在快速变化。例如现代人对理想亲子关系的描述更为注重双方地位平等，甚至有以朋友关系代替传统的父子或母子关系的倾向。从古代生活经验当中总结而来的伦理准则，如何适应现代生活，或者给现代伦理提供借鉴，这是一个不得不面对的问题。所以我们对古人家训的学习，并不是要把古人所提倡的伦理准则教条式地挪移到现实生活当中，而是为了在我们面对纷繁复杂的社会关系的时候，提供一个可参考的处理方法，当然这种方法是需要经过现代发展，以现代面目展现出来的。而这种发展具有可能性的根本在于，不管社会环境如何改变，人的一些基本的情感体验和道德体验是具有恒定性的，古人根据这些情感和道德体验所提出的一些基本的道德准则同样具备普世的内核。例如在一个陌生人社会当中尤其重视契约伦理，虽然在传统社会中，严格意义上的契约伦理并没有发展成熟，但儒家所提倡的人格平等、理性、公正、守信，不正是现代契约精神的内核吗？这就是我们学习古人家训的意义所在。当然，读其文而想见其为人，亦一大乐事也。

本书为《中华家训导读译注丛书》系列之一。除了本书之外，《丛书》收入的其他书皆为专人专书，其中有历史上早已成书的家训专著，也有对某位名家大儒的家训文章的选编合集。本书则不限于一人一时，是历史上流传较广、影响较大的单篇家训的集合，以补专人专书之不足。历史上有很多有影响的著名人物，并没有留下家训类型的专著，也没有足够多的可以专编成册的家训文字，其对家族子弟的教导训诫，只存留在一些简短的书信或者史书的相关记载当中，而由于文字短小精悍，风格又鲜明生动，往往流传甚广，相较于专门著作，更多地为寻常百姓所知晓。例如本书所收录诸葛亮的《诫子书》中，有"非淡泊无以明志，非宁静无以致远"的名言，虽然类似的说法在战国道家著作《文子》和汉代道家著作《淮南子》当中已经可以见到，但是若非诸葛亮的《诫子书》，它可能仅仅为从事相关研究或者具有较高传统文化修养的士子学人所知晓，正是由于诸葛亮的化用，使得它不再是埋藏在典奥古籍海洋中的珍珠，而通过家训的流传为普通大众所共知。从某种意义上讲，这些单篇家训对传统教育和世俗教化的影响毫不逊色于专门的家训著作。

另外值得注意的是，本书所收录的篇章，作者身份背景差异很大，一方面具有鲜明的个人风格的差异，另一方面又不可避免地反映了其所处年代的特点，这为我们今天理解古人的精神世界，提供了更为丰富的差异化场景，我想这对于在纷繁复杂的现代环境中挣扎探求的人们来说，似乎也有着更为丰富的借鉴意义。

具体说来，本书集成了历代家训之精华，收入中国历朝历代各领域代表人物的家书遗训，借用现代习惯的分类方式，其中包括：

史学家：主要代表人物有西汉史学家、司马迁之父司马谈，在弥留之际以毕生志愿托付司马迁，充满了对修史事业的历史担当。二十四史中《魏书》的作者魏收，在历尽官场艰险后，告诫后辈要谛言端行，成为正直的人。魏收族叔、大唐名相魏徵之父魏长贤，以复亲故之书，表达自己忠孝立身的坚定信念以及"以忠获罪""以信见疑"的悲愤。

文学家：主要代表人物有"竹林七贤"的精神领袖，开创玄学新风的嵇康，临刑前在诫子书中指导儿子如何立志为人、如何与人交往、如何谨言慎行、如何自保避祸。古今隐逸诗人之宗，"繁华落尽见真淳"的陶渊明，在大病之后，"自恐大分将有限"，以家书教导自己的五个儿子如何为人处世，字里行间充满坦荡从容之情。诗如错采镂金，与谢灵运并称"颜谢"又为渊明好友的颜延之，其《庭诰》一文内容广博，为《颜氏家训》之先声，从修身、养性、持家、处事、治学等方面，诫子孙后辈养成理想人格。与苏轼并称"苏黄"，工诗文、擅书法的黄庭坚，以自己耳闻目睹之事，向其子强调家庭和谐的重要性。

政治家与军事家：主要代表人物有东汉开国功臣，马革裹尸、老当益壮的马援，告诫侄子要谨言慎行，谦虚敦厚，勿作轻薄之人。西晋开国元勋，文武兼资的羊祜，要求儿子"行己莫如恭，自责莫如厚"，做到恭敬、谨慎。蜀汉忠臣，有王佐之才、三分天下的诸葛亮，诫其子及外甥，须淡泊宁静，志存高远。被后人誉为"国朝人物，当以范文正为第一"的范仲淹，诫其子侄恤饥寒、慎交游、勤学奉公。

思想家：主要代表人物有遍注群经，自成一家，汉代经学的集大成者郑玄，勉励儿子努力探求君子之道，不断学习钻研，慎重对待自身的态度仪表，敬重、亲近有道德之人，不断完善自己的德行。"致广大，尽精微，综罗百代"，宋代理学的集大成者朱熹，在长子出门游学前写信提醒儿子切记"勤谨"二字，指导其如何在学习、礼仪、交友等方面做到尽善尽美。经史子集无不赅通，中国传统学问的集大成者王夫之，勉励子侄除流俗之习，养天地正气，为人处世，立志为先。

除此之外，更有目录学鼻祖刘向，心学宗师陆九渊，卧冰求鲤的孝圣王祥，萧然物外、自得天机的医圣傅山，谆谆教诲，垂诫后人。相信这些家训，作为一个整体，能够帮助今人更好地进入古人的世界，更好地应对当下的挑战，注重家庭文化，养成优良家风。

在本书编写的过程中，温小芬、刘智敏、黄可欣、曾燊燕承担了部分文献资料的收集整理和校对工作，特此说明。

# 孔臧　与子琳书

　　告琳：顷来闻汝与诸友生讲肄书传，滋滋①昼夜，衎衎②不怠，善矣！人之讲道，惟问③其志，取必以渐④，勤则得多。山霤⑤至柔，石为之穿；蝎虫至弱，木为之弊。夫霤非石之凿，蝎非木之钻，然而能以微脆之形，陷坚刚之体，岂非积渐之致乎？训曰："徒学知之未可多，履而行之乃足佳。"故学者所以饰百行也⑥。

　　侍中子国⑦，明达渊博，雅学绝伦，言不及利，行不欺名，动遵礼法，少小及长，操行如故。虽与群臣并参侍⑧，见待崇礼，不供亵事⑨，独得掌御唾壶⑩，朝廷之士，莫不荣之。此汝亲所见。《诗》不云乎？"毋念尔祖，聿修厥德。"又曰："操斧伐柯，其则不远。"⑪远则尼父⑫，近则子国，于以立身，其庶⑬矣乎。

（《孔丛子·连丛子上》）

## | 今译 |

告诫孔琳：最近听说你和朋友们讲习经传，昼夜乐在其中，孜孜不倦，这很好啊！人研究学问，只看他是否有志向，治学必须循序渐进，勤奋才能多得。山中溪流最为柔弱，却能穿透石头；蝎虫最为弱小，却能蛀坏木头。小溪不是凿石用的凿子，蝎虫不是钻木用的钻头，然而却能以微小脆弱的身躯，破坏坚硬刚强的东西，这难道不是靠长久积累而达成的吗？古训说："光是学习而知道了道理还不够，要亲身实践才算完满。"所以学习实际就是为了修正各方面的行为。

侍中孔安国，明睿通达，知识渊博，学问高深绝伦，绝口不谈利禄，行为和名声相符，做事遵从礼法，从小到大，操守行为，始终如一。虽然与群臣一起侍从皇帝，但他在皇帝面前推崇礼义，不谈卑贱下流之事，因此唯独他有资格照料皇帝的起居琐事，得到皇帝的信任和亲近，朝廷之士，没有不以之为荣的。这些都是你亲眼所见的。《诗经》不是说吗："不要想着企求先祖的荫庇，要修养自己的德行。"又说："手持斧头伐木做斧柄，斧柄的式样就在手中，不必远求。"远的有孔子，近的有安国，做人学习他们的榜样，也就差不多可以了。

## | 简注 |

① 滋滋：同"孜孜"，勤奋不倦之貌。

② 衎衎 (kàn)：坚强勉力之貌。

③ 问：看。

④ 以渐：按照循序渐进的方式。

⑤ 霤（liù）：山上奔流而下的水。

⑥ 饰百行：修正各方面的行为。饰，《文选》颜延之《秋胡诗》注作"饬"，整顿、修正之义。

⑦ 侍中：古代职官名。秦始置，两汉沿置，为正规官职外的加官之一。因侍从皇帝左右，出入宫廷，与闻朝政，逐渐变为亲信贵重之职。子国：即孔安国（约前 156 年—前 74 年），字子国，孔子十世孙（亦有十一世孙、十二世孙之说），西汉大儒。尝受《诗》于申公，受《尚书》于伏生，治《古文尚书》，又作《古文孝经传》《论语训解》。

⑧ 参侍：侍奉君主。

⑨ 褻事：卑贱下流之事。

⑩ 御唾壶：皇帝用的痰盂，意指皇帝的起居琐事。

⑪ 以上两句诗分别引自《诗经·大雅·文王》和《诗经·豳风·伐柯》。

⑫ 尼父：即孔子。孔子字仲尼，"父"表尊称。

⑬ 庶：庶几，接近。

## ｜ 实践要点 ｜

孔臧（约前 201 年—前 123 年），孔子十世孙，汉朝蓼侯孔聚之子。文帝九年（约前 171 年）嗣蓼为御史大夫。臧愿嗣家业，求为太常，与从弟孔安国缀集古义。武帝遵从其意，遂拜太常，礼赐如三公。臧与博士等议劝学励贤之法，请著功令，自是公、卿、大夫、吏，彬彬多文学之士，在官数年卒。

孔臧得知儿子孔琳昼夜与朋友研习经书，欣慰之余，给孔琳写了一封家书来赞扬他，指出立志是研究学问之始，毅力与恒心是求知善读之源，勉励孔琳必须循序渐进，勤劳才能多得，以水滴石、虫咬木为例子进一步说明学习需要日积月累、积少成多，坚持不懈方能学通古今。借古训所言："徒学知之未可多，履而行之乃足佳。"强调脚踏实地地去亲自实践，身体力行，才算圆满。

依孔臧看来，学习是为了提升自身的修养，他叮嘱道："远则尼父，近则子国，于以立身，其庶矣乎。"他认为孔琳远则可以效法孔子，近则可以效法堂叔孔安国，并赞扬孔安国品行高尚、学识渊博，言行不汲汲于名利，遵从礼法，以此勉励孔琳向榜样看齐，告诫孔琳不可沉溺在先祖的荫庇下，应当不断修养自己的德行，安身立命，传承家学。

# 司马谈　命子迁

　　太史公执迁手而泣曰："余先周室之太史也。自上世尝显功名于虞夏，典天官事。后世中衰，绝于予乎？汝复为太史，则续吾祖矣。今天子接千岁之统①，封泰山，而余不得从行，是命也夫，命也夫！余死，汝必为太史；为太史，无忘吾所欲论著矣②。且夫孝始于事亲，中于事君，终于立身。扬名于后世，以显父母，此孝之大者。夫天下称诵周公，言其能论歌文、武之德③，宣周、邵之风④，达太王、王季之思虑⑤，爰及公刘⑥，以尊后稷⑦也。幽、厉之后⑧，王道缺，礼乐衰⑨，孔子修旧起废，论《诗》《书》⑩，作《春秋》⑪，则学者至今则之。自获麟以来四百有余岁⑫，而诸侯相兼，史记放绝⑬。今汉兴，海内一统，明主贤君忠臣死义之士，余为太史而弗论载，废天下之史文，余甚惧焉，汝其念哉！"

（《史记·太史公自序》）

太史公（司马谈）拉着儿子司马迁的手流着眼泪说："我们的祖先曾经是周朝的太史。再早的先祖在虞舜和夏禹的时代就曾有过显赫的功名，主管天文。后来半道上衰落了，难道在我这里就要断绝了吗？如果你以后能再当上太史令，那就算继承我们祖先的事业了。当今天子上接千年来的大统，到泰山上封禅祭天，但我却不能跟着去，这真是命啊！真是命啊！我死后，你一定会成为太史令的；你做了太史令，不要忘记我想写的那部著作。孝道最浅的层次是侍奉父母，中间的层次是侍奉国君，最高的层次是树立己身。使自己名扬后世，连父母也跟着光荣，这才是最大的孝道。天下人赞扬周公，就是因为他能够论说和歌颂文王、武王的德行功业，使自己和召公的教化普行于天下，继承太王、王季的思想，功业可一直追溯到公刘，推尊到始祖后稷。自幽王、厉王以来，王者之道残缺不全，礼乐制度崩坏衰败，孔子整理了旧时的文献，振兴了已被废弃的礼乐，他论述《诗》《书》，撰写《春秋》，学者们直到今天还把它们视为行为的准则。从鲁哀公西狩获麟到今天有四百多年了，由于诸侯们的兼并战乱，各国史书都已散失断绝。当今大汉兴起，国家统一，明主贤君、忠臣义士的事迹很多，我身为太史，却不能把它们记载下来，造成历史文献的荒废，这是我非常忧惧的，你一定要好好记住这件事！"

| 简注 |

① 接千岁之统：接续了千年来的大统。根据《封禅书》，西周初年周成王曾

经封禅泰山，周成王（前 11 世纪）至武帝封禅泰山（元封元年，前 110 年）相隔约有九百多年。"千岁"是约数。

② 吾所欲论著：指司马谈希望完成的《史记》。

③ 论歌文、武之德：论述歌颂周文王与周武王的德行功业。旧说今《诗经》中的《文王》《大明》《文王有声》以及《尚书》中的《牧署》等歌颂文王、武王功业的作品皆为周公所作。

④ 邵：同"召"，指召公，周公之弟，生卒年不详，姬姓，名奭（shì）。

⑤ 太王：即古公亶父，周文王的祖父。初居豳（bīn，今陕西省旬邑县西南），为戎狄所侵，迁于岐山之下，定国号为周，及武王有天下，追尊为"太王"。《诗经》中的《緜》即为歌颂太王而作。王季：名季历，生卒年不详，周文王的父亲。兄泰伯、虞仲出奔荆蛮，让位于季。太王卒，立为公季，修太王之业，传位文王，武王时追尊为"王季"。《诗经》中的《皇矣》即为歌颂王季而作。

⑥ 公刘：周人远祖，传说为后稷的曾孙。他迁徙豳地定居，不贪享受，致力于发展农业生产，《诗经》中有《公刘》篇歌颂其功业。

⑦ 后稷：周朝的先祖。相传姜嫄因践天帝迹而怀后稷，因初欲弃之，故取名曰弃。及长，帝尧举为农师；有功，遂封于邰（tái，今中国陕西省武功县西南），号曰后稷，别姓姬氏。

⑧ 幽、厉：周幽王、周厉王，皆为西周后期昏君。幽、厉之后意指东周以来。

⑨ 王道缺，礼乐衰：王者之道残缺不全，礼乐制度崩坏衰败。

⑩ 论《诗》《书》：古人认为孔子对《诗经》和《尚书》重新予以了解释和

阐发。

⑪ 作《春秋》：司马迁采用孟子和汉代公羊家的说法，认为《春秋》是孔子所作，且认为《春秋》寄托了孔子的微言大义。

⑫ 获麟：鲁哀公十四年（前 481 年）西狩获麟，孔子对此伤心慨叹，《春秋》记事便至"获麟"而终止。四百有余岁：西狩获麟至武帝元封元年（前 110 年，汉武帝封禅泰山之时），凡三百七十二年。

⑬ 史记放绝：各国史书散乱丢失。史记，泛指各国史书。

## | 实践要点 |

司马谈（约前 165 年—前 110 年），西汉史学家，司马迁之父。他学识广博，武帝时为太史令，负责记录史事、整理典籍、推算天文历法以及记载朝廷大事等。在担任太史令期间，司马谈对先秦诸子百家著作进行了系统研究，撰写了名篇《论六家要指》，为先秦诸子学说研究奠定了基础。另外，他开始搜集资料，尝试编撰通史。

汉武帝元封元年（前 110 年），武帝赴泰山封禅，司马谈染病留在洛阳，未能随行，深感遗憾。司马谈在弥留之际，嘱咐赶来探望的儿子司马迁：自孔子撰述《春秋》后，长达四百年的时间中，没有一部经典的历史著述，这段时间的历史近乎空白，自己为此感到担忧。作为史官，修撰一部贯通古今的通史是他的历史使命，他期望儿子能继承他的遗志，撰写史书。司马谈遗命中强烈的修史愿望和著述历史的理想深深地影响着司马迁，成为司马迁日后撰写《史记》的指南和精神动力。

　　司马谈在遗言中谈到他对"孝"的理解，他说："且夫孝始于事亲，中于事君，终于立身。扬名于后世，以显父母，此孝之大者。"他认为，孝并不是对父母长辈一味地顺从，而更重要的是能够成为一个高尚的人，做出一番事业，能留下好的名声，让父母长辈也感到光荣。而要做出一番事业，就要有所担当，勇于承担历史所赋予的使命，司马谈正以此叮嘱儿子要继承自己的遗志。

# 刘向　诫子歆书

　　告歆①无忽：若未有异德，蒙恩甚厚，将何以报？董生②有云："吊者在门，贺者在闾。"③言有忧则恐惧敬事，敬事则必有善功而福至也。又曰："贺者在门，吊者在闾。"言受福则骄奢，骄奢则祸至，故吊随而来。齐顷公④之始，借霸者⑤之余威，轻侮诸侯，亏跋蹇之容⑥，故被鞍之祸⑦，遁服而亡⑧，所谓"贺者在门，吊者在闾"也。兵败师破，人皆吊之，恐惧自新，百姓爱之，诸侯皆归其所夺邑，所谓"吊者在门，贺者在闾"也。今若年少，得黄门侍郎⑨，要显处也。新拜⑩，皆谢贵人，叩头。谨战战栗栗，乃可必免。

　　（《太平御览》卷四百五十九、《全汉文》卷三十六）

---

## ｜　今译　｜

　　告诫歆不要忽视：如果没有非常好的品德，而承受的恩惠却很丰厚，那将如何报答呢？董仲舒曾有这样的话："吊丧的人在家门口，贺喜的人在里巷头。"这是说有忧患便会恐惧而谨慎地做事，恐惧而谨慎地做事就必定有大功，从而使福运降临。他又说："贺喜的人在家门口，吊丧的人在里巷头。"这是说有了福运就会骄横奢侈，骄横奢侈便会有大祸降临，因此吊丧的就会随之而来。齐顷公即位之始，借助桓公称霸的余威，轻视欺负诸侯小国，嘲笑晋国使臣跛足，因此在鞍之战中遭到大败，换上了车夫的衣服才得以逃脱。这就是所谓"贺喜的人在家门口，吊丧的人在里巷头"。兵败师破，人们都来吊哀，他在惶恐忧惧当中努力改过自新，又重新赢得了百姓的爱戴，其他诸侯国也都把夺去的城邑归还给他，这就是所谓"吊丧的人在家门口，贺喜的人在里巷头"。如今你还这么年轻，就得到了黄门侍郎的官职，这是显要的职位。新官初任，全要感谢贵人的提携，向贵人叩头。时刻带着戒惧谨慎从事，才能避免灾难。

## ｜ 简注 ｜

①歆：刘歆（前50年—23年），字子骏，刘向之子，汉代学者。刘歆继承父业，领校秘中藏书，编成《七略》，对经籍目录学有卓越的贡献。

②董生：即董仲舒（前179年—前104年），广川（河北省枣强县东）人。西汉名儒，今文经学大师，少治《春秋》，汉景帝时博士，下帷讲诵，三年不窥园。提倡独尊儒术，著有《春秋繁露》。

③闾（lú）：原指里巷的大门，后指人聚居处。

④齐顷公：春秋时齐国国君，齐桓公之孙。桓公为春秋五霸之首，所以后文称他"借霸者之余威"。

⑤ 霸者：指齐桓公（？—前643年）。姓姜，名小白，襄公弟。周庄王五十一年，以襄公无道，出奔莒，其后襄公被弑，乃归国即君位，以管仲为相，尊周室，攘夷狄，九合诸侯，一匡天下，为五霸之首。管仲亡后，怠忽政事，宠幸佞臣，霸业遂衰。在位四十二年，卒谥桓。

⑥ 亏：欠缺，此为意动用法，认为……欠缺。跂蹇（qí jiǎn）：跛足，亦指跛行的人，此指晋国大夫郤克。

⑦ 被：遭受。鞍之祸：晋国派郤克出使齐国，齐顷公让夫人在帷幕后窥视。郤克是个跛子，夫人在帷后笑话他，郤克深感耻辱，回国后，联合了鲁、卫、曹国的军队攻打齐国。顷公大败于鞍（今山东济南），换上为他赶车的人的衣服，才侥幸逃脱，原先占领的鲁、卫两国的土地至此也不得不归还。事见《左传·成公三年》。

⑧ 遁服：改换服装。

⑨ 黄门侍郎：官名，专管侍从皇帝，传达诏令。

⑩ 拜：旧时用一定的礼节授予官职，此处指任了官职的人。

| 实践要点 |

刘向（前77年—前6年），字子政，本名更生，汉沛郡丰邑（今属江苏徐州市）人，高祖弟楚元王刘交的第四代孙。元帝时为中垒校尉，后因权臣专政，被废十多年。成帝时，改名为向，任光禄大夫，校阅经传诸子诗赋等书籍，撰成《别录》一书，为我国最早的分类目录。另著有《新序》《说苑》《列女传》《洪范五

行》等书。

刘歆为刘向之子，少聪颖，通经学、善属文，因文才出众为成帝召见，任黄门郎。刘向担忧儿子刘歆少年得志，受福骄奢，不识深浅，便撰写《戒子歆书》警示儿子谨慎行事、心怀敬畏，不可安逸自满、傲慢自恃，做好为官的本职工作，敬事爱民。先以董仲舒之言，阐述祸福相互转换之关系，并引用春秋齐顷公的例子以具体说明，告诫儿子要牢记古训，常怀忧患意识，对待官职要持如临深渊、如履薄冰的态度，在得志之时不骄横奢侈，保持清醒头脑，小心谨慎地处理好本职工作，以求免除祸患。

诫文中，刘向阐述祸福的关系，他认为，"有忧则恐惧敬事，敬事则必有善功而福至也""受福则骄奢，骄奢则祸至，故吊随而来"。福因祸生，祸藏于福，门闾之间，祸福相倚，正所谓"福兮祸之所伏，祸兮福之所依"。刘歆谨记父亲之言，一生谦逊，刘向离世后，任中垒校尉，继承父业，统领校书工作，撰成《七略》以完成刘向未竟之业，封红休侯，后为国师。

# 马援　诫兄子严、敦书

　　初，兄子严、敦①并喜讥议，而通轻侠客。援前在交趾②，还书诫之曰："吾欲汝曹③闻人过失，如闻父母之名，耳可得闻，口不可得言也。好论议人长短，妄是非正法④，此吾所大恶也。宁死，不愿闻子孙有此行也。汝曹知吾恶之甚矣，所以复言者，施衿结缡⑤，申父母之戒⑥，欲使汝曹不忘之耳！龙伯高⑦敦厚周慎，口无择言⑧，谦约节俭，廉公有威。吾爱之重之，愿汝曹效之。杜季良⑨豪侠好义，忧人之忧，乐人之乐，清浊⑩无所失。父丧致客，数郡毕至。吾爱之重之，不愿汝曹效也。效伯高不得，犹为谨敕⑪之士，所谓'刻鹄不成尚类鹜'者也。效季良不得，陷为天下轻薄子，所谓'画虎不成反类狗'者也。讫今季良尚未可知，郡将下车⑫辄切齿⑬，州郡以为言⑭，吾常为寒心，是以不愿子孙效也。"

（《后汉书》卷二十四）

当初，马援兄长的儿子马严和马敦都喜欢讥讽议论别人，而且爱结交轻薄任侠之士。马援在交趾前线，写信告诫他们说："我希望你们听到别人的过失，如同听到了父母的名字，耳朵可以听，但嘴里不能说出来。喜欢议论别人的长短，轻率地讽刺讥评国家法度，这些都是我最厌恶的。我宁可死，也不愿听说子孙有这种行为。你们知道我是非常厌恶这种行径的，我之所以一再强调这点，就像女儿在出嫁前，父母一再告诫那样，是希望你们不要忘记这点罢了。龙伯高敦厚谨慎，口中没有不恰当的议论，谦虚节俭，廉正而有威严。我喜欢他敬重他，希望你们向他学习。杜季良豪侠好义，把别人的忧愁当作自己的忧愁，把别人的快乐当作自己的快乐，无论什么人都结交。他的父亲去世，几个郡的人都来吊唁。我喜欢他敬重他，但不希望你们向他学习。因为学龙伯高不成，还可以成为严谨慎重的人，所谓'刻鹄不成尚类鹜'。学杜季良不成，就沦落为轻薄之人，所谓'画虎不成反类狗'。到如今杜季良还不知有什么结局，但郡将官员一到任就恨他得咬牙切齿，州郡的人也将他当成谈资，我常为他感到寒心，所以不希望子孙向他学习。"

① 严：马严，字威卿。敦：马敦。两个人都是马援兄长马余的儿子。
② 前在交趾：在交趾前线。交趾，郡名，今越南北部。

③ 汝曹：你们。

④ 是非：评论是非，用作动词。正法：指国家法度。

⑤ 施衿结缡 (lí)：古代父母送女儿出嫁时，要亲自为其系带子、披佩巾。

⑥ 申父母之戒：父母反复申述应该注意戒备的事情。

⑦ 龙伯高：名述，京兆 (今陕西西安) 人。刘秀看到马援此信，提拔伯高为零陵郡 (今湖南永州) 太守。

⑧ 口无择言：口中没有不恰当的议论。

⑨ 杜季良：名保，京兆人。光武帝时，官越骑司马，有人上书告他"为行浮薄，乱群惑众"，被免职。

⑩ 清浊：指清流和浊流，犹言"黑白两道"。

⑪ 谨敕 (chì)：严谨慎重。

⑫ 下车：指官员到任。

⑬ 切齿：恨得咬牙切齿。

⑭ 以为言：以之为言。指州郡的人都将他当成谈话的资料。


|   实践要点   |

/

马援 (前 14 年—49 年)，字文渊，东汉名将，扶风茂陵 (今陕西兴平东北) 人。新莽末为新城大尹，先依附隗嚣，后归刘秀。隗嚣叛据陇西，援率兵平定，任陇西太守。建武十七年 (41 年) 拜伏波将军，南征交趾。建武二十五年 (49 年) 征五溪蛮，卒于军。《后汉书》有传。

汉光武帝建武十九年秋（38年），马援在率军远征交趾之时，听闻兄长马余之子马严、马敦讥刺议论他人，结交轻薄之人，纵使戎马倥偬，仍忙中寻暇，不远千里致书教谕二侄，告诫两人谨言慎行，不应当在背后妄议他人的长短过失。在谈及为人处世的学习标准时，他以龙伯高和杜季良为例子做对比进行阐述，并进一步列举杜季良的为人品行，告诫侄儿不要效仿豪侠杜季良的言行，避免成为轻薄之人，规劝侄儿学习龙伯高的敦厚与谨慎，努力成为严谨慎重之人。信末，强烈表示不愿子孙后代效法杜季良的处世态度。文章出语恳切，言词之中饱含马援对两位侄子的耐心劝导、深情关怀和殷殷期待。

马援曾言："丈夫为志，穷当益坚，老当益壮。"因此在为人处世中，最基本的是谦虚和谨慎；一个人要修身养德就需要从自身做起，谦虚和谨慎的态度可以使自身在环境的变化莫测之中保持戒备、保全自我，从而保证家族的延续和发展。

# 张奂　诫兄子书

汝曹薄祐[①]，早失贤父，财单艺尽[②]，今适喘息[③]。闻仲祉轻傲耆老[④]，侮狎同年[⑤]，极口恣意[⑥]。当崇长幼[⑦]，以礼自持。闻敦煌有人来，同声相道，皆称叔时宽仁，闻之喜而且悲，喜叔时得美称，悲汝得恶论。经[⑧]言："孔子于乡党，恂恂如也。"恂恂者，恭谦之貌也。经难知，且自以汝资父为师，汝父宁轻乡里耶？年少多失，改之为贵，蘧伯玉[⑨]年五十，见四十九年非，但能改之，不可不思吾言。不自克责，反云"张甲谤我，李乙怨我，我无是过尔"，亦已矣。

（《艺文类聚》卷二十三）

---

## ┃ 今译 ┃

你们兄弟缺少神明护佑，早年丧父，家产单薄，谋生无术，现在这种困境才略有舒缓。听说仲祉对年高德劭者轻视傲慢，对同辈人随便戏弄，说话放肆。

实在应当崇尚长幼上下之间交往的礼节，按照礼来自我持守。又听说有人从敦煌来，同声称赞叔时的宽和仁爱，我听说后既喜又悲，喜的是叔时得此美誉，悲的是你却得到了恶评。《论语》说："孔子于乡党，恂恂如也。"恂恂，就是恭谦的样子。经书不好懂，那就以你们的父亲为老师吧，你们的父亲轻视过邻里吗？年轻人常有很多过失，改了就好。蓬伯玉五十岁时，觉得以往四十九年都做得不对，都还能改正，你不可不思量我这话啊。如果不自我检查，反说"张甲诽谤我，李乙怨恨我，我其实没有这些过错的"，那就算了吧！

| 简注 |

① 祐：神明护佑。

② 财单艺尽：财产单薄，技能有限。

③ 喘息：指困境略有舒缓。

④ 耆（qí）老：老人，多指德高望重者。

⑤ 侮（wǔ）狎（xiá）：轻慢戏弄。同年：同辈，或指同时被举为孝廉之人。

⑥ 极口：放纵口舌。恣意：纵心任意。

⑦ 当崇长幼：应当崇尚长幼上下之间交往的礼节。

⑧ 经：指《论语》，后面引文出自《论语·乡党》。

⑨ 蓬（qú）伯玉：春秋时卫国贤大夫，名瑗。《淮南子·原道训》称他"年五十而有四十九年非"，说明他善于反省过失。

张奂（104 年—181 年），字然明。敦煌郡渊泉县（今甘肃安西县东）人。东汉时期名将、学者。

东汉末年，乡党评议之风盛行，当张奂听闻侄儿张仲祉待人轻傲无礼、遭到乡里恶评时，便作《诫兄子书》对其进行严厉的规劝和告诫，代替已故的兄长劝诫其崇礼修德、谨言慎行，并激励其以孔子和父亲为榜样，对乡党温和恭敬、谦卑逊顺，不可轻视怠慢，最后以蘧伯玉的事例进行规劝，指明年轻人犯错误不可怕，知错能改，善莫大焉。听到别人批评，要虚心接受，迅速加以改正，绝不能怨天尤人，将自己的过错推诿给他人。总之，张奂以警示之言劝勉张仲祉检身自省、勇于改错、以礼自持。

张奂在诫书中谈及对张仲祉的期望与要求，以张仲祉"轻傲耆老，侮狎同年，极口恣意"与弟弟张叔时的"宽仁"进行对比，指出张仲祉傲慢粗鄙，四邻八舍厌恶不已，而弟弟张叔时待人宽厚仁义，备受美称，以兄弟二人口碑相差甚远，训诫张仲祉应"当崇长幼，以礼自持"。张奂认为，礼是持身之道，应该崇尚长幼有别之礼，依照尊卑次序合礼言行，尊敬年长者、爱护同辈与年幼者。《论语》云："孔子于乡党，恂恂如也，似不能言者。其在宗庙朝廷，便便言，唯谨尔。"朝堂之上，孔子侃侃而谈，乡党之间，圣人恂恂如也，礼恭而词简，此圣人至德，所到之处一言一行皆合乎礼之中。张奂语重心长的教诲为两侄子的人生之路打下坚实的道德基础。

# 郑玄　戒子益恩书

　　吾家旧贫，为父母群弟所容[①]，去厮役之吏，游学周、秦之都[②]，往来幽、并、兖、豫之域[③]，获觊[④]乎在位通人[⑤]，处逸[⑥]大儒，得意者咸从捧手[⑦]，有所受焉。遂博稽六艺[⑧]，粗览传记[⑨]，时睹秘书纬术[⑩]之奥。年过四十，乃归供养，假田播殖，以娱朝夕。

　　遇阉尹擅势，坐党禁锢[⑪]，十有四年，而蒙赦令。举贤良方正、有道[⑫]，辟大将军三司府[⑬]，公车再召[⑭]。比牒并名[⑮]，早为宰相。惟彼数公，懿德大雅，克堪[⑯]王臣，故宜式序[⑰]。吾自忖度，无任[⑱]于此，但念述先圣之元意，思整百家之不齐，亦庶几以竭吾才，故闻命罔从。而黄巾为害，萍浮南北，复归邦乡，入此岁来，已七十矣。

　　宿素[⑲]衰落，仍有失误，案之礼典[⑳]，便合传家。今我告尔以老，归尔以事，将闲居以养性，覃思[㉑]以终业；自非拜国君之命，问族亲之忧，展敬[㉒]坟墓，观省野物，胡尝扶杖出门乎？家事大小，汝一承之。

咨尔茕茕一夫<sup>㉓</sup>，曾无同生<sup>㉔</sup>相依，其勖求<sup>㉕</sup>君子之道，研钻勿替<sup>㉖</sup>，敬慎威仪，以近有德。显誉成于僚友，德行立于己志，若致声称<sup>㉗</sup>，亦有荣于所生，可不深念邪！可不深念邪！

吾虽无绂冕之绪<sup>㉘</sup>，颇有让爵之高<sup>㉙</sup>。自乐以论赞之功，庶不遗后人之羞。末所愤愤者，徒以亡亲坟垄未成；所好群书，率皆腐敝，不得于礼堂<sup>㉚</sup>写定，传与其人。日西方暮，其可图乎？

家今差多于昔，勤力务时，无恤饥寒。菲<sup>㉛</sup>饮食，薄衣服，节夫二者，尚令吾寡恨。若忽亡不识，亦已焉哉！

（《后汉书》卷三十五）

| 今译 |

我旧时家中贫穷，却得到父母兄弟的容许，辞去低贱的差使，到长安远游求学，往来于幽、并、兖、豫诸地，因此得以拜见身处官位、学问渊博的名人和隐居不仕、满腹经纶的大儒，向我所敬佩的人拱手求教，从他们那里获益良多。于是我广博地钻研六经，浏览各种史传著作，还时常参阅谶纬图箓之类书籍，究其玄奥之理。年过四十，才回到家乡赡养父母，借播种栽植度日。

遇到宦官专权，我因党锢之祸的牵连而遭到罢免，十四年后，才得到赦免的诏令。后来，我多次以贤良方正、有道被推举，被大将军、三司府征召做官，公车也两次征召我做大司农。与我在同一授官簿录上被征召的人，有的早就做了宰相。那几位都具有美德和高才，能够胜任王臣的职责，所以应该量才重用。而我自度没有能力担当这类大任，只想阐述先圣先贤的本旨，希望整理各家学说的歧异，或许能在这方面发挥我的才智，所以接到征召的命令也不赴任。黄巾造反，使我像浮萍一样漂泊南北，后来再次回到故乡，到了今年，我已经七十岁了。

旧时的学业已经荒疏，且还有失误之处，依照《曲礼》，我这样年龄的人就应当把家事传给儿子料理了。现在我告诉你，我已老了，把家事交给你管理，我将闲居在家修身养性，深思熟虑以完成我的著述事业。如果不是拜受国君的诏令，吊问亲戚宗族的丧事，祭扫祖先的坟墓，以及观览省视野外的景物这一类的事情，我为何还要拄着拐杖出门呢？家中大小事务，要由你一人承担了。

可叹你孤独一人，竟没有兄弟可以依靠。你应当努力追求君子之道，学习钻研，勿要废弃，慎重对待你的态度仪表，以求能够亲近有道德的人。显赫的声誉虽然是由同事朋友给予的，但要养成高尚的德行却只能靠自己立志。如果能获得好名声，父母也与有荣焉，能不深思这点吗！能不深思这点吗！

我虽然没有高官显位的业绩，但还有多次辞让官爵的高风。我在整理经典的事业中自得其乐，或许还不至于让后人蒙羞吧。最后感到遗憾的事情，是父母的坟墓尚未修成，所喜爱的群书，大都朽烂破损，不能够在礼堂内写成定稿，把它们传给与我志同道合的人。我就像太阳西下，已近暮年，还能完成这些事吗？

我们的家境现在已经略好于过去了，只要勤奋用力，按时节耕种，就不必担心饥饿和寒冷。吃粗茶淡饭，穿简衣素服，在这两方面能够节俭，或许能让我少一些遗憾吧。如果你不能记住这些话，那也就算了吧！

## 简注

① 为父母群弟所容：指得到父母兄弟的允许而免于贱役以远游求学。有注者引原文作"不为父母群弟所容"，实误。

② 周、秦之都：即长安，周之都城为镐京，秦之都城为咸阳，都在长安附近。

③ 往来幽、并（bīng）、兖（yǎn）、豫之域：指四处奔波求学。幽、并、兖、豫，古地名，大约为今天河北、山西、河南、山东地区。

④ 觐（jìn）：见。

⑤ 通人：学问通达之人。《论衡·超奇》："博览古今者为通人。"

⑥ 处逸：处、逸同义，指隐居。

⑦ 得意者咸从捧手：向我所敬佩的人拱手请教。得意者，中我意者。

⑧ 六艺：指六经，即《诗》《书》《礼》《乐》《易》《春秋》六部经典。

⑨ 传记：对经典作解释的文献。

⑩ 秘书：亦作"祕书"，宫禁秘藏之书。纬术：谶纬图箓之学，以神学附会儒家经典的一套学问。

⑪ 坐党禁锢：因党锢之祸而获罪。禁锢，勒令不准做官。

⑫ 贤良方正：汉荐举名目。汉文帝二年诏举"贤良方正能直言极谏者"。有道：亦汉荐举科目。

⑬ 辟：征召。大将军：官名，东汉时为将军最高称号，多由贵戚担任，职位极高，在三公之上。三司府：太尉、司徒、司空三个府署。

⑭ 公车再召：官府两次征召。公车，汉代官署名，卫尉的下属机关，设公车令，掌管宫殿中司马门的警卫工作。臣民上书或征召，均有公车接待。郑玄曾被公车两次征召为大司农。

⑮ 比牒并名：同被征召而名字记录在同一个授官簿上。

⑯ 克堪：能够胜任。

⑰ 式序：按次第叙录功劳。语出《诗·周颂·时迈》："明昭在周，式序在位。"

⑱ 无任：不能胜任。无，通"毋"，不。

⑲ 宿素：平素。

⑳ 礼典：指《曲礼》。《曲礼》："七十老而传。"

㉑ 覃（tán）思：深思。

㉒ 展敬：祭扫。

㉓ 咨：发语词。茕（qióng）茕：没有兄弟，孤独。

㉔ 曾：竟。同生：指兄弟。

㉕ 其：尤当。勖（xù）：勉力。

㉖ 勿替：不要放弃。

㉗ 声称：好的名声。

㉘ 绂冕（fú miǎn）之绪：做官的业绩。绂冕，古时系官印的丝带及大夫以上的礼冠，比喻高官。

㉙ 让爵之高：辞让官爵的高风亮节。指前文所言屡次征召不就的事。

㉚ 礼堂：讲学习礼之堂。

㉛ 菲：微薄。

## ┃ 实践要点 ┃

郑玄（127年—200年），字康成，北海高密（今属山东）人。曾入太学受业，后从马融学古文经。游学归里，聚徒讲学，弟子多达数百千人。桓帝时因党锢事被禁，潜心著述，遍注群经，自成一家，为汉代经学之集大成者，后人尊其学为"郑学"。

建安元年（196年），年逾古稀的郑玄身患重疾，他担忧自己将不久于人世，便撰写了这封家书给他唯一的儿子郑益恩。郑玄以主要篇幅追述了自己一生颠沛流离的求学经历和坚定不移的人生志向，以现身说法的方式含蓄地向益恩传输了为人治学的宝贵经验。此外，郑玄还向益恩表明自己学术上的担忧与遗憾："所好群书，率皆腐敝，不得于礼堂写定，传与其人。日西方暮，其可图乎！"郑玄时不待我的感伤跃然于纸上，他殷切期望儿子继承父业、钻研学问、著书立说，完成自己未竟之事业。

在诫文中，郑玄向儿子提出"勖求君子之道，研钻勿替，敬慎威仪，以近有德"的期望与要求，以此勉励儿子努力探求君子之道，不断学习钻研，慎重对待自身的态度仪表，敬重、亲近有道德之人，不断完善自己的德行，成为一位道德高尚的人。郑玄出众的学术成就和崇高的品德风范给了儿子潜移默化的影响，后来，郑益恩被北海相孔融举为孝廉。

# 王修 诫子书

自汝行之后，恨恨①不乐，何者？我实老矣，所恃汝等也，皆不在目前，意遑遑也！人之居世，忽去便过，日月可爱也。故禹不爱尺璧而爱寸阴②。时过不可还，若年大不可少也。欲汝早之③，未必读书，并学作人。

汝今逾郡县、越山河、离兄弟、去妻子者，欲令见举动之宜，效高人远节，闻一得三，志在善人。左右不可不慎，善否之要在此际也。行止与人，务在饶之。言思乃出，行详乃动，皆用情实④道理，违斯败矣。

父欲令子善，唯不能杀身，其余无惜也。

（《艺文类聚》卷二十三）

---

## | 今译 |

自从你离开之后，我心里怅然若失，为什么呢？我确实老了，所依靠的人只有你们了，但都不在我身边，所以心中遑遑不安！人活在世上，很快就过去了，光阴可爱啊! 因此大禹不爱一尺的玉璧而独爱短暂的时光。时间一过去就不能再回来了，就像人长大了不可能变小一样。希望你及早珍惜光阴，不一定只知道读书，同时还要学做人。

你现在跨越郡县、翻过山川、离开兄弟、抛下妻子儿女，想让世人看到你举动合乎礼节，效法品德高尚的人的远大节操，懂得举一反三，把与人为善当作自己的志向。那么对待在你身边的人就不可不谨慎小心，好坏的关键都在此处了。与人交往处事，一定要宽容。话要经过思考才能说出来，行事前要先经过周密的计划才去行动，所有这些都要按照真实情况和道理去做，违背这一点就会失败。

父亲想让儿子学好，惟独不能做的就是替他舍弃性命，其他的就没有什么可在意的了。

## 简注

① 恨恨: 若有所失的样子。

② 禹: 传说中夏后氏部落首领，为天下治水，三过家门而不入。《晋书·刘弘陶侃列传》: "大禹圣者，乃惜寸阴，至于众人，当惜分阴，岂可逸游荒醉，生无益于时，死无闻于后，是自弃也。"尺璧: 直径一尺的圆形玉石。

③ 早之: 及早 (珍惜光阴)。

④ 用: 因，由。情实: 实情。

王修：生卒年不详，字叔治，北海郡营陵（今山东昌乐县）人，先后侍奉孔融、袁谭、曹操。为人正直，治理地方时抑制豪强、赏罚分明，深得百姓爱戴。

王修为人忠贞，善于劝谏，重视并善于教育。他教育子女，不是居高临下，动辄训斥，而是以情动人，剖白自己的苦心。其在《诫子书》的开头就表明了对子女的依赖和眷恋："我实老矣，所恃汝等也，皆不在目前，意遑遑也。"结尾又再次表明自己对孩子的情感："父欲令子善，唯不能杀身，其余无惜也。"通过以情动人的方式，拉近父子之间的感情，使其子在情感上更易于接受父亲的劝诫。

王修在《诫子书》中主要表达四大教育要点：一、要珍惜时间，人活在世上，一下子就过去了，时光一去不复返，应当珍惜当下；二、要学习做人，做人最重要的是慎交择友，要和那些高人善人相来往，以收"闻一得三"之效；三、要宽以待人，"行止与人，务在饶之"，不要过于计较；四、要言行谨慎，"言思乃出，行详乃动"，话要想好了再说，事要考虑周详了再做，视听言动，不仅要合情，也要合理，违背了这一原则，就要遭致失败。

# 司马徽　诫子书

闻汝充役，室如悬磬<sup>①</sup>，何以自辨？论德则吾薄，说居则吾贫。勿以薄而志不壮，贫而行不高也。

（《艺文类聚》卷二十三）

## ｜　今译　｜

听说你为国从役，但家里极其贫穷，你怎样看待这些呢？谈到德行，我们的确很浅薄；说到家庭，我们的确很贫穷。然而不能因为我们德行浅薄而志气不雄壮，不能因为家庭贫穷而品行不高洁啊。

## ｜　简注　｜

① 磬（qìng）：古代悬挂在架上供演奏用的石制打击乐器。室如悬磬，形容家中空空，极为贫穷。

司马徽（173年—208年），字德操，颍川阳翟（今河南禹州）人。东汉末年隐士，精通道学、奇门、兵法、经学，有"水镜先生"之称。司马徽为人清雅，学识广博，有知人之明，向刘备推荐了诸葛亮、庞统等人，受到世人的敬重。

在《诫子书》中，司马徽向其子剖露心声。他认为在德行方面，他浅薄；在家庭方面，他贫穷。但是他又告诫其子"勿以薄而志不壮，贫而行不高也"，虽浅薄贫穷，也应志气雄壮、品行高洁。

品行修养的最高境界就是慎独，看似漫长实际短暂的一生将会历经不同的境遇，但无论富有还是贫穷，我们都应固守内心，坚持自己的原则。

# 诸葛亮　诫子书

夫君子之行，静以修身，俭以养德。非淡泊无以明志，非宁静无以致远。夫学欲静也，才须学也。非学无以广才，非志无以成学。淫慢①则不能励精②，险躁③则不能治性。年与时驰，意与日去，遂成枯落，多不接世，悲守穷庐，将复何及！

(《太平御览》卷四百五十九)

## 今译

有道德修养的人，靠沉静来修身，靠简朴来养德。不恬淡寡欲，看轻名利，就不能明确自己的志向。不专心致志，排除干扰，就无法实现自己的抱负。学习必须安心静气，才智必须从学习中求得。如果不学，就不能增长才干；如果无志，就不能成就学业。放纵怠惰，就不能专心一致；轻薄浮躁，就不能调治品性。年华随着时光流逝，意志随着日月消磨，于是渐渐如同枯枝落叶般衰老下去，不与人世相接，悲叹地孤守在简陋的屋舍里，那时再后悔，又怎么来得及呢？

① 淫慢：放纵怠惰。

② 励精：专心、尽心。

③ 险躁：轻薄浮躁。

| 实践要点 |

诸葛亮（181年—234年），字孔明，号卧龙（也作伏龙），徐州琅琊阳都（今山东临沂市沂南县）人，三国时期蜀汉丞相，杰出的政治家、军事家、散文家、书法家。在世时被封为武乡侯，死后追谥忠武侯，东晋政权特追封为武兴王。

《诫子书》的主旨是劝勉儿子勤学立志，修身养性要从淡泊宁静中下功夫，最忌怠惰险躁。在书信的后半部分，诸葛亮教导儿子：少壮不努力，老大徒伤悲，劝诫其子惜时好学。

诸葛亮的《诫子书》强调了"修身学习"的重要性，对我们的生活有五大启示要点：一、修身养性贵在"静""俭"。以宁静修养身心，以节俭培育德行。二、只有淡泊、宁静，才能做到志存高远。内心宁静才能戒骄戒躁，内心淡泊才能含英咀华，内心开阔才能登高望远。三、要勤于学习，善于思考。学习既要有宁静的学习环境，更要有专注、平和的学习心境。四、提升自己的性格品质，既要励精又要治性。思想影响行为，行为影响习惯，习惯影响性格，性格影响命运。五、做事要有时间观念。要珍惜时间，管理好自己每天的二十四小时，善用每一分每一秒。

# 诸葛亮　诫外甥书

夫志当存高远，慕先贤，绝情欲①，弃疑滞②，使庶几③之志，揭然有所存，恻然有所感。忍屈伸，去细碎，广咨问，除嫌吝④，虽有淹留⑤，何损于美趣⑥，何患于不济？若志不强毅，意不慷慨，徒碌碌滞于俗，默默束于情，永窜伏⑦于凡庸，不免于下流⑧矣。

（《太平御览》卷四百五十九）

## ｜　今译　｜

　　一个人应该树立远大的理想，追慕先贤，节制情欲，抛弃凝滞之念，使成为贤才的志向，在身上明白地存留，恳切地感发。要能够适应顺逆不同境遇的考验，摆脱琐碎事务的纠缠，广泛地向贤人请教，根除自己怨天尤人的情绪。做到这些以后，虽然也有可能在事业上暂时停步不前，但又何损于自己美好的志趣，何患于事业不成功呢？如果志向不坚毅，意气不慷慨，碌碌无为，为世俗牵滞、为私情羁束，永远混杂在平庸的人群之中，难免就会沦落为地位卑贱的人。

/

① 情欲：人的情感欲望。

② 疑（níng）滞：受阻而停滞不前。疑，通"凝"。

③ 庶几：据《易·系辞下》"颜氏之子，其殆庶几乎"，颜氏之子，指颜回。后因以"庶几"借指贤才。

④ 嫌吝：厌恶，不满意。这里指怨天尤人。

⑤ 淹留：隐退，屈居下位。

⑥ 美趣：美好的志趣。

⑦ 窜伏：逃匿、潜伏。此处有沉沦之意。

⑧ 下流：地位卑贱。

/

本文一开篇，诸葛亮便开宗明义地指出"志当存高远"，即做人应当抱有远大的志向。具有远大的志向是一个人走向成功的先决条件，如何才能做到"志存高远"呢？围绕着"志向"，诸葛亮从正反两个方面进行了论述。首先，"慕先贤，绝情欲，弃疑滞，使庶几之志，揭然有所存，恻然有所感"，这几句话说的是如何"立志"：慕先贤即要以古圣先贤作为榜样，向他们看齐；绝情欲即不要沉湎于情欲；弃疑滞即摒弃不必要的滞留之念。做到以上三点，即使身处逆境，也能"揭然有所存，恻然有所感"。有了上面立志的方法，就应了解实现志向的措施，即"忍屈伸，去细碎，广咨问，除嫌吝"。最后，诸葛亮又从反面进行论述，如果没有强毅的志向，慷慨的意气，那么这样的人最终只能在世俗中随波逐流，在平庸中耗尽一生！

本篇《诫外甥书》阐述了"立志做人"的重要性。尤其是青年人，不光要有崇高的理想、远大的志向，还必须有实现理想志向的具体可行措施和战胜困难排除干扰的毅力，不然理想就可能会成为一种空想，甚至在不知不觉中沦为平庸下流。诸葛亮的这封信讲的就是这个道理。一个人如果志向高远、意志坚定、心思缜密、富行动力，就很有可能实现自己的远大抱负，开创出自己的一番事业。

# 王祥　训子孙遗令

　　夫生之有死，自然之理。吾年八十有五，启手<sup>①</sup>何恨。不有遗言，使尔无述<sup>②</sup>。吾生值季末<sup>③</sup>，登庸历试<sup>④</sup>，无毗佐<sup>⑤</sup>之勋，没<sup>⑥</sup>无以报。气绝但洗手足，不须沐浴，勿缠尸，皆浣<sup>⑦</sup>故衣，随时所服。所赐山玄玉佩、卫氏玉玦<sup>⑧</sup>、绥笥<sup>⑨</sup>皆勿以敛。西芒上土自坚贞<sup>⑩</sup>，勿用砻石<sup>⑪</sup>，勿起坟陇<sup>⑫</sup>。穿深二丈，椁<sup>⑬</sup>取容棺。勿作前堂<sup>⑭</sup>、布几筵<sup>⑮</sup>、置书箱镜奁<sup>⑯</sup>之具，棺前但可施床榻而已。糒脯<sup>⑰</sup>各一盘，玄酒<sup>⑱</sup>一杯，为朝夕奠<sup>⑲</sup>。家人大小不须送丧，大小祥乃设特牲<sup>⑳</sup>。无违余命！高柴泣血三年，夫子谓之愚<sup>㉑</sup>。闵子除丧出见，援琴切切而哀，仲尼谓之孝<sup>㉒</sup>。故哭泣之哀，日月降杀<sup>㉓</sup>；饮食之宜，自有制度<sup>㉔</sup>。夫言行可覆，信之至也；推美引过，德之至也；扬名显亲，孝之至也；兄弟怡怡，宗族欣欣<sup>㉕</sup>，悌之至也；临财莫过乎让。此五者，立身之本，颜子<sup>㉖</sup>所以为命，未之思也，夫何远之有！

（《晋书》卷三十三）

人有生必有死，这是自然的道理。我的年纪已经八十五了，即便死了又有什么遗憾呢？但是假如没有临终遗言，就会让你们没有可以遵照的遗则。我生在末世，曾多次被举用而一试才华，却没有辅佐主上的功绩，一死便再也无法报答了。我断气后只需洗洗手和脚就可以了，不需要濯发洗身，不要用绸布包裹尸体，把我的旧衣服都清洗一下，把平时所穿的衣服给我穿上。官府所赐给我的山玄玉佩、卫氏玉玦、系印的丝带和盛器都不要随葬。西芒山上土质本身硬而纯，不需要再用砖石，不需要堆起坟丘。墓穴挖深二丈，外棺只要能包容内棺即可。不要设灵堂、摆置筵席、安放书箱镜匣等器具，棺材前只放置床榻就行了。干饭干肉各放一盘，薄酒一杯，作为早晚祭奠的祭品。家人老小不要为我送丧，一周年祭日和两周年祭日再用一头牛或一头猪来祭奠。你们不要违背我的遗命！高柴为亲丧而泣血三年，孔夫子说他愚昧。闵子骞除孝服而见孔子，弹琴依旧琴声悲切，孔夫子说他孝顺。所以，悲哀地为亲人之丧哭泣，日月都会为之降下霜露；丧葬期间，如何饮食，自有古人定下的规矩。言行可以经得起审查，这是最高的忠信；辞让赞美而自认过失，这是最高的品德；扬名声显父母，这是最大的孝顺；兄弟和睦，族人喜乐，这是最大的友爱；面对钱财，没有比辞让更高尚的了。这五点，是人立身的根本，也是颜子能成为颜子的关键。你们不曾思考，如果思考了，这道理又有什么遥远的呢！

## | 简注 |

① 启手：即"启手足"的省称，善终的代称，"死"的委婉的说法。典出《论语·泰伯》："曾子有疾，召门弟子曰：'启予足，启予手。'"儒家宣扬孝道，曾子有病，恐死，召弟子开衾视手足，以明受于父母的身体临终前完整无毁。

② 使尔无述：使你们没有可以遵循的遗则。述，遵循。

③ 季末：末世，末代。王祥生于汉灵帝中平二年，为东汉末代，故云"生值季末"。

④ 登庸历试：多次被举用而一试才华。登庸，举用。

⑤ 毗（pí）佐：辅佐主上处理政务。毗，辅助。《诗·小雅·节南山》："四方是维，天子是毗。"

⑥ 没（mò）：通"殁"，死亡。

⑦ 浣（huàn）：洗。

⑧ 玉玦（jué）：环形有缺口的玉器，原为射箭钩弦之具。

⑨ 绶笥（shòu sì）：盛印绶的箱子，代指印绶。

⑩ 坚贞：土质硬而纯。

⑪ 甓（pì）石：砖石。

⑫ 坟陇：坟丘。陇，同"垄"，土埂。古时封土成丘叫"坟"，平的叫"墓"。

⑬ 椁（guǒ）：套在棺材外面的大棺材。

⑭ 前堂：吊唁的灵堂。

⑮ 几（jī）筵：筵席。

⑯ 镜奁 (lián)：即镜匣，盛放梳妆用具的匣子。

⑰ 糒 (bèi)：干饭。脯 (fǔ)：干肉。

⑱ 玄酒：古代祭礼中当酒用的清水，或指薄酒。

⑲ 奠 (diàn)：祭奠，向死者供献祭品致敬。

⑳ 大小祥乃设特牲：大祥，古时父母死去两周年的祭礼。小祥，古时父母死去一周年的祭礼。特牲，祭祀时用牛一头或猪一只。

㉑ "高柴"二句：高柴，春秋齐国人，字子羔（或子皋），孔子弟子。子路使柴为费宰，孔子以为未熟悉，不宜从政。故《论语·先进》曰："柴也愚，参也鲁，师也辟，由也喭。"《论语·檀弓》："高子皋之执亲之丧也，泣血三年。"《注》："言泣无声，如血出。"

㉒ "闵子"三句：闵子骞，名损，春秋鲁国人，孔子弟子。孔子称赞他说："孝哉! 闵子骞。"《孔子家语·六本》："闵子三年之丧毕，见于孔子。子曰：'与之琴，使之弦。'切切而悲，作而曰：'先王制礼，弗敢过也。'子曰：'君子也!'"

㉓ 日月降杀：上天都降下霜露，言悲戚凄怆之情。《礼记·祭义》："霜露既降，君子履之，必有凄怆之心，非其寒之谓也。"《注》："非其寒之谓，谓凄怆之忧惕，皆为感时念亲也。"

㉔ "饮食"二句：对丧事期间的饮食制度有详细规定。据《礼记·丧大记》载："大夫之丧，主人、室老、子姓，皆食粥，众士疏食水饮，妻妾疏食水饮，士之如之。既葬，主人疏食水饮，不食菜果，妇人亦如之。君大夫士一也。练而食菜果，祥而食肉。"

㉕ "兄弟"二句：怡怡，和顺的样子。语出《论语·子路》："朋友切切偲偲，兄弟怡怡。"欣欣，喜乐的样子。

㉖ 颜子：指颜回，字子渊，春秋鲁国人，孔子弟子，小孔子三十岁，是孔子最得意的学生。年二十九，发尽白，早死。

## | 实践要点 |

王祥（180 或 184 年—268 年），字休徵。琅琊临沂（今山东省临沂市西）人。三国曹魏及西晋时大臣。王祥于东汉末隐居二十年，在曹魏，先后任县令、大司农、司空、太尉等职，封爵睢陵侯。西晋建立，拜太保，进封睢陵公。泰始四年（268 年）去世，年八十五（一作八十九），谥号"元"。

王祥有《训子孙遗令》一文传世，在此文中，王祥首先表达了其对生老病死的看法，即"夫生之有死，自然之理"。随后简单回顾其生平功绩，感慨其"无毗佐之勋"。接着详细交代了自己的身后事宜，一是如何处理尸身，气绝但洗手足，不须沐浴；二是交代陪葬品，皆勿以敛；三是对墓穴以及灵堂的要求，樽取容棺、勿作前堂；四是祭奠事宜，家人大小不须送丧。最后，王祥从言行、辞让、扬名、待人以及面对钱财这五个方面教导子弟如何立身处世，即"夫言行可覆，信之至也；推美引过，德之至也；扬名显亲，孝之至也；兄弟怡怡，宗族欣欣，悌之至也；临财莫过乎让"。做人要以德为本，注重诚信、谦让的道德人格，培养和睦友爱的待人态度，讲求重义轻利。

王祥对为人处世的道理有很深刻的理解，并把这些道理作为遗训教导给其子弟。这里面有五大要点：一、在言行方面，要做到诚信，这是最高的忠信；二、要懂得推辞他人的赞美，这是最高的品德；三、要扬名声显父母，这是最大的孝敬；四、要做到兄弟和睦，族人喜乐，这是最大的友爱；五、面对钱财要懂得辞让。

# 王肃　家诫

夫酒，所以行礼、养性命、欢乐也。过则为患，不可不慎。是故宾主百拜，终日饮酒，而不得醉，先王所以备酒祸也①。凡为主人饮客，使有酒色②而已，无使至醉；若为人所强，必退席长跪，称父诫以辞之。敬仲辞君③，而况于人乎？为客又不得唱造酒史④也。若为人所属⑤，下坐行酒⑥，随其多少，犯令行罚，示有酒而已，无使多也。祸变之兴，常于此作，所宜深慎。

（《艺文类聚》卷二十三）

## ｜　今译　｜

饮酒，是为了举行礼仪、涵养性情、给人以欢乐。过量就会带来祸患，不可不慎重对待。所以宾主喝酒时相互敬酒，百般揖让，即便终日饮酒，也不会喝醉，先王以此防备因酒醉引出的祸端。凡是以主人的身份招待客人喝酒，使客人脸上稍稍有些酒色就可以了，不应把客人灌醉；如果被别人勉强多喝，一定要退席长跪，说父亲有命不让多喝酒。陈敬仲连君主的任命都能谢绝推辞，何况一般人的劝酒呢！作为客人喝酒，不能带头多喝，不得主持酒政。若受人嘱托，离开坐席依次斟酒，客人要多少就斟多少，别人犯了酒令，表明有酒就可以了，不要让人家喝太多。祸患变故的缘由，常常跟喝酒有关系，一定要特别慎重。

## ┃ 简注 ┃
/

①"是故宾主百拜"句：语出《礼记·乐记》："是故先王因为酒礼，一献之礼，宾主百拜，终日饮酒而不得醉焉，此先王所以备酒祸也。"百拜，百般揖让。备，防备。

② 酒色：脸上有酒色。

③ 敬仲辞君：春秋时期陈厉公之子陈完，字敬仲。陈宣公在位时杀死太子陈御寇，陈完与陈御寇关系密切，怕受连累，逃往齐国。齐桓公要他做卿相，他推辞不做。

④ 唱造：倡导，带头干。酒史：古代宴饮时主持酒政、监督酒令的人。

⑤ 属：同"嘱"，嘱托。

⑥ 行酒：依次斟酒。

## ┃ 实践要点 ┃
/

王肃（195 年—256 年），字子雍。东海郡郯县（今山东郯城西南）人。三国时曹魏著名经学家，王朗之子、司马昭岳父。早年任散骑黄门侍郎，世袭父亲兰陵侯爵位，任散骑常侍，又兼秘书监及崇文观祭酒，屡次对时政提出建议。后历任广平太守、侍中、河南尹等职，曹芳被废，他以持节兼太常迎接曹髦继位，又帮助司马师平定毌丘俭之乱，再迁中领军，加散骑常侍。甘露元年（256 年）去世，享年六十二岁，追赠卫将军，谥景侯。

王肃撰写以"饮酒"为内容的《家诫》，该文章具体地谈了如何防止过度饮酒：作为主人，宴请客人行酒时应当适可而止；作为客人，不能带头多喝、不得主持酒政。饮酒是为了举行礼仪、涵养性情、给人以欢乐，要真正发挥酒的有益之处，不能没有节制地劝酒喝酒。王肃告诫家人，有时祸变的发生，就是由酒而起，必须小心谨慎。

小饮怡情，大饮不仅伤身，而且误事，所以对待喝酒这件事一定要特别慎重。生活中酒友喝酒，喝的原因各不相同，有的是爱好，有的是接待客人，有的则是心情使然，但不管什么时候什么原因喝酒，都应该有个度，不要贪杯。

# 王昶　诫兄子及子书

　　夫人为子之道，莫大于宝身全行①，以显父母。此三者人知其善，而或危身破家，陷于灭亡之祸者，何也？由所祖习②非其道也。夫孝敬仁义，百行之首，行之而立身之本也。孝敬则宗族安之，仁义则乡党重之，此行成于内，名著于外者矣。人若不笃于至行，而背本逐末，以陷浮华焉，以成朋党焉。浮华则有虚伪之累，朋党则有彼此③之患。此二者之戒，昭然著明，而循覆车滋众④，逐末弥甚，皆由惑当时之誉，昧目前之利故也。夫富贵声名，人情所乐，而君子或得而不处，何也？恶⑤不由其道耳。患人知进而不知退，知欲而不知足，故有困辱之累，悔吝之咎⑥。语曰："如不知足，则失所欲。"故知足之足常足矣。览往事之成败，察将来之吉凶，未有干名要利⑦，欲而不厌，而能保世持家，永全福禄者也。欲使汝曹立身行己，遵儒者之教，履道家之言，放以玄默冲虚为名⑧，欲使汝曹顾名思义，不敢违越也。古者盘盂有铭，几杖有诫，俯仰察焉，用⑨无过行，况在己名，可不戒之哉！夫物速成则疾亡，晚就则善终。朝华之草⑩，夕而零落；松柏之茂，隆寒不衰。是以大雅君子恶速成，戒阙党也⑪。若范匄对秦客而武子击之⑫，折其委笄⑬，恶其掩人也。夫人有善鲜不自伐，有能者寡不自矜；伐则掩人，矜则陵⑭人。掩人者人亦掩之，陵人者人亦陵之。故三郤为戮于晋⑮，王叔负罪于周⑯，不惟矜善自伐好争之咎乎？故君子不自称，非以让人，恶其盖人也。夫能屈以为伸，让以为得，弱以为强，鲜不遂矣。夫毁誉，爱恶之原而祸福之机也⑰，是以圣人慎之。孔子曰："吾之于人，谁毁谁誉。如有所誉，必有所试。"⑱又曰："子贡方人。赐也贤乎哉，我则不暇。"⑲以圣人之德，犹尚如此，况庸庸之徒而轻毁誉哉？

| 今译 |
/

　　身为人子的行为准则，没有比珍爱身体，完善德行，从而显扬父母的名声更重要的了。这三个方面，人们都知道是好的，可有的人还是危害自身，破坏家庭，使自己陷于灭亡的灾祸当中，这是为什么呢？是由于他们所效法的不是正道。孝敬仁义，是各种品行中最首要的，以之为标准持守行事，是立身的根本。能行孝敬，就可使得宗族安宁，能行仁义，就会受到乡邻敬重，这样的品行培养形成于内，名声就会显扬于外。人如果不注重培养崇高的品行，而是背弃根本，追逐末节，就会陷于浮华，就会结成朋党。浮华就会有虚伪的牵累，朋党就会有互相猜疑的祸患。这两种情形给我们的鉴戒，清楚明白，可是重蹈覆辙的人却越来越多，舍本逐末的情况也变本加厉，都是由于受到当时流俗称誉的迷惑，被眼前的利益弄得昏乱不明的缘故。富贵和名声，是人情所喜欢的，但君子有时得到了却并不安享它们，为什么呢? 是因为厌恶它们不是从正道得来的。担心人们只知进取却不知退让，只知贪求却不知满足，那样就会有困窘受辱的牵累，就会有招致悔恨的灾祸。俗话说："如果不知满足，就会失去希望得到的东西。"所以知足的满足才是长久的满足。观往事的成败，察将来的吉凶，从来没有过追名逐利，贪婪无度，却能保持家族世系代代相传，永远保全幸福和爵禄的人。我希望你们立身行事，能遵循儒家的教导，践行道家的学说，所以才用玄默冲虚这样的字来作为你们的名字，想让你们看到自己的名字就想到其中的含义，不敢违背。古代盘盂上刻有铭文，几案手杖上写有诫语，俯身抬头都可以看见它们，因此没有错误的行为，何况以之为名，能不小心警戒吗! 事物成就得迅速就衰亡得快，成就得晚就能得善终。早晨开花的小草，晚上就凋零败落了; 松柏的茂盛，在严寒中也不会衰败。因此才德高尚的人厌恶速成，这也是孔子讥评阙党童子的深意。就像范匄回答秦国来客的问题而武子打了他，折断了他的委笄，这是因为厌恶他抢先回答，盖过了别人。人有长处很少不自夸的，有才能很少不自高自大的; 自夸就会掩盖别人，自高自大就会压低别人。掩盖别人的人，别人也会掩盖他，压低别人的人，别人也会压低他。所以三郤在晋国被杀，王叔在周获罪，不就是自夸自高争强好胜所带来的祸患吗？因此君子不称扬自己，不是为了谦让别人，而是厌恶这样做会盖过别人。能够把屈曲当作伸展，把谦让当作获得，把柔弱当作刚强，就很少有达不到目的的。诋毁和称誉，是喜爱和厌恶的根源，灾祸和幸福的关键，因此圣人对待它们很谨慎。孔子说："我对于别人，诋毁了谁称誉了谁？如果有我称誉的人，必定是对他有过考验的。"又说："子贡品评他人。子贡真贤能呀，我却没有这闲工夫。"以圣人的美德，尚且如此，何况那些轻率地诋毁和称誉别人的庸碌之辈呢？

## 简注

①  宝身：珍惜身体。全行：完善德行。

②  祖习：尊奉效法。

③  彼此：指互相猜忌。

④  循覆车：重蹈覆辙。滋：更加。众：众多。

⑤  恶（wù）：厌恶。

⑥  悔吝（lìn）：悔恨，灾祸。咎（jiù）：过失，罪过，灾祸。

⑦  干（gān）名要（yāo）利：求取名位，追逐利禄。

⑧  放以玄默冲虚为名：用玄默冲虚这样的字作你们的名字。放，通"仿"。

⑨  用：介词，因此。一解为"为了"。

⑩  朝华之草：早晨开花的小草。华，同"花"。

⑪  戒阙党也：这就是孔子讥评阙党童子的意思。《论语·宪问》："阙党童子

将命。或问之曰:'益者与?'子曰:'吾见其居于位也,见其与先生并行也。非求益者也,欲速成者也。'"

⑫ "若范匄"一句:《国语》曰:"范文子暮退于朝,武子曰:'何暮也?'对曰:'有秦客庾辞于朝,大夫莫之能对也,吾知三焉。'武子怒曰:'大夫非不能也,让父兄也。尔童子而三掩人于朝,吾不在,晋国亡无日也。'击之以杖,折其委笄。"匄(gài):同"丐"。《三国志》亦作"范丐",裴松之案:"对秦客者,范燮(xiè)也。此云范匄,盖误也。"范燮,即范文子,范武子(士会)之子,历任晋国上军佐,上将军,中军佐。范匄,即范宣子,范燮之子。武子,即范武子,祁姓,士氏,名会,字季,因封于随,称随会,又封于范,故称范会,以氏为号,又称士会。晋成公时任上军,晋景公时任中将军,又为太傅,执掌国政。

⑬ 委笄(jī):委貌冠(古冠名,以皂绢为之)上的簪子。

⑭ 陵:同"凌",凌辱,侵犯。

⑮ 三郤(xì)为戮于晋:《左传·成公十七年》:"晋杀其大夫郤锜、郤犨、郤至。"三郤的家族很有权势,仗势欺人,抢夺人妻,侵占人田,广树怨敌,后被厉公所杀。

⑯ 王叔负罪于周:《左传·襄公十年》:"王叔、陈生与伯舆争政,晋侯使士匄平王室,王叔与伯舆讼焉,王叔氏不能举其契。"

⑰ 原:本源,根本。机:关键,事物发生的枢纽。

⑱ "孔子曰"一句:出自《论语·卫灵公》。试,检验。

⑲ "又曰"一句:出自《论语·宪问》。

昔伏波将军马援①戒其兄子言："闻人之恶，当如闻父母之名；耳可得而闻，口不可得而言也。"斯戒至矣。人或毁己，当退而求之于身。若己有可毁之行，则彼言当矣。若己无可毁之行，则彼言妄矣。当则无怨于彼，妄则无害于身，又何反报焉？且闻人毁己而怨者，恶丑声之加人也，人报者滋甚，不如默而自修己也。谚曰："救寒莫如重裘，止谤莫如自修。"斯言信矣。若与是非之士，凶险之人，近犹不可，况与对校②乎？其害深矣。夫虚伪之人，言不根道③，行不顾言④，其为浮浅较可识别；而世人惑焉，犹不检之以言行也。近济阴魏讽、山阳曹伟皆以倾邪败没⑤，荧惑当世⑥，挟持奸慝⑦，驱动后生。虽刑于鈇钺⑧，大为炯戒⑨，然所污染，固以众矣。可不慎与！

若夫山林之士，夷、叔之伦⑩，甘长饥于首阳⑪，安赴火于绵山⑫，虽可以激贪励俗⑬，然圣人不可为，吾亦不愿也。今汝先人世有冠冕⑭，惟仁义为名，守慎为称⑮。孝悌于闺门⑯，务学于师友。吾与时人从事⑰，虽出处⑱不同，然各有所取。颍川郭伯益⑲，好尚通达，敏而有知⑳。其为人弘旷不足，轻贵有余，得其人重之如山，不得其人忽之如草。吾以所知亲之昵之，不愿儿子为之。北海徐伟长㉑，不治㉒名高，不求苟得，澹然自守，惟道是务。其有所是非，则托古人以见其意，当时无所褒贬。吾敬之重之，愿儿子师之。东平刘公幹㉓，博学有高才，诚节有大意㉔，然性行不均㉕，少所拘忌，得失足以相补。吾爱之重之，不愿儿子慕之。乐安任昭先㉖，淳粹履道，内敏外恕，推逊恭让，处不避洿㉗，怯而义勇，在朝忘身。吾友之善之，愿儿子遵之。若引而伸之，触类而长之㉘，汝其庶几举一隅耳㉙。及其用财先九族㉚，其施舍务周急，其出入存故老，其论议贵无贬，其进仕尚忠节，其取人务实道，其处世戒骄淫，其贫贱慎无戚㉛，其进退念合宜，其行事加九思，如此而已，吾复何忧哉?

(《三国志》卷二十七)

| 今译 |

以前伏波将军马援告诫他侄子说："听到别人的罪过，应当像听到自己父母的名字一样；可以用耳朵听，却不可以用嘴说出来。"这个告诫太对了。别人有时候指责自己，应当退而反省自身。如果自己确实有可被指责的行为，那么他说的话就是恰当的。如果自己没有可以被指责的行为，那么他说的话就是虚妄的。如

果是恰当的，就不要怨恨别人，如果是虚妄的，对自己也没有伤害，又何必反过来报复呢？而且听到别人指责自己就愤怒，把丑恶的名声加到别人身上，别人的报复就会更加厉害，不如保持沉默而提高自己的修养。谚语说："解救寒冷没有什么比得上厚厚的裘皮衣，制止诽谤没有什么比得上提高自己的修养。"这话真是正确啊。如果遇上惹是生非、凶狠险恶的人，连接近他们都不可以，何况和他们当面争论辩驳呢？这样危害就大了。虚伪的人，说话不依正道，行为有悖于自己的言论，他们的浅陋是比较容易识别的；但世人却仍被他们迷惑，这还是因为不能用他们的言行来考察他们。近来济阴人魏讽、山阳人曹伟都因为邪恶不正而败亡，他们迷惑当世之人，怀着奸诈邪恶之心，煽动年轻人。虽然他们已被处死于刀斧之下，成为给世人明显的警示，然而受到他们污染的人，已经很多了。我们能不谨慎吗！

至于山林中的隐士，伯夷、叔齐之类的人，心甘情愿地在首阳山长期忍饥挨饿，安心地在绵山投身于大火之中，虽然可以劝勉风俗、抑制贪念，但圣人却不能这样做，我也不愿意你们这样做。你们的先人世代做官，以仁义得到名声，以保持谨慎受人称赞，在家中孝敬父母、顺从兄长，在师友之间追求学问。我和同时代的人交往，虽然有做官和隐居的不同，但各有可取的长处。颍川人郭伯益，爱好高尚，通情达理，聪敏而有见识。但他为人宽宏不足，对人褒贬过分，合心意的人就看得像山一样重，不合心意的人就看得像草一样轻。我了解他，所以亲近他，但不愿儿子像他那样。北海人徐伟长，不追求高的名声，不求取不该得到的东西，心情恬淡，坚持操守，只追求正道。他有什么要肯定或否定的，就假托古人的话来表达自己的意思，当时却不做出什么褒贬。我敬重他，希望儿子效仿他。东平人刘公幹，学识渊博，有很高的才能，真诚有节操，又有远大的志向，但他的品性和行为不协调，很少有所拘谨和顾忌，长处和过失足以相对照。我喜欢他看重他，但不愿儿子仰慕他。乐安人任昭先，醇厚精粹躬行正道，内里聪敏外表宽和，谦恭礼让，居处不避卑下，表面怯懦实则见义勇为，身在朝廷不计得失。我亲近他赞赏他，希望儿子遵照他那样做。如果引申开来，遇到同类事理加以推广，你们就可以做到举一反三了。至于享用财物先让给九族亲属，施舍别人必定要救助危急，外出返回要看望年老长辈，品评议论不要贬低别人，做官任职崇尚忠贞气节，选择朋友注重真实性情，为人处世戒除骄纵淫逸，贫穷微贱千万不要悲伤，进取退让考虑合乎事宜，处理事情一定反复思考，能像这样做就行了，我还有什么可忧虑的呢？

## 简注

① 马援：字文渊，扶风茂陵人，东汉初年名将。

② 对校 (jiào)：面对面计较争论。校，对抗、计较。

③ 根道：遵从道理。

④ 行不顾言：行为有悖于自己的言论。

⑤ 倾邪：歪门邪道。败没 (mò)：失败，覆灭。

⑥ 荧 (yíng) 惑：迷惑。

⑦ 奸慝 (tè)：奸诈、邪恶。

⑧ 刑于鈇钺 (fū yuè)：受鈇钺之刑，指被刑杀。鈇钺，斫刀和大斧，腰斩、

砍头的刑具。

⑨ 烱（jiǒng）戒：不可忽视的鉴戒。烱，同"炯"。

⑩ 伦：类。

⑪ 甘长饥于首阳：伯夷、叔齐反对周武王伐纣，商朝灭亡之后，二人逃到首阳山，不食周粟而亡。

⑫ 安赴火于绵山：介子推随晋文公流亡十九年，曾"割股奉君"，文公回国之后，介子推隐居绵山，晋文公为逼他出来放火烧山，介子推被烧死。

⑬ 激贪励俗：抑制贪婪之风气，勉励良好的风俗。

⑭ 世有冠冕：世代为官。

⑮ 守慎：保持谨慎的态度。称：称道。

⑯ 孝悌（tì）：又作"孝弟"，孝顺父母，友爱兄弟。闺门：内室的门，借指家庭。

⑰ 从事：打交道。

⑱ 出处（chǔ）：出仕和隐退。

⑲ 颍川：秦代所置郡，治所在阳翟（今河南禹州）。郭伯益：郭奕，字伯益，郭嘉之子。

⑳ 知（zhì）：智慧。

㉑ 北海：西汉置郡，东汉改为国，今山东一带。徐伟长：即徐幹，字伟长，"建安七子"之一，汉末思想家，著有《中论》。

㉒ 治：求取。

㉓ 东平：汉宣帝改大河郡为东平国，治所在无盐（今山东东平以东）。刘公

幹：即刘桢，字公幹，东汉末文学家，为曹操丞相掾属，"建安七子"之一，以五言诗为当时所重。

㉔ 诚节：忠诚守节。大意：大志。

㉕ 性行不均：品性行为不公正。

㉖ 乐安：东汉和帝改千乘郡置乐安国，治所在临济（今山东高青），魏改为郡。任昭先：即任嘏，字昭先，魏文帝时任黄门侍郎、河东太守等职，幼时饱读经书，人称神童。

㉗ 洿（wū）：洼地，指低下。

㉘ 触类而长之：掌握一类事物的知识或规律，就能据此而增长同类事物的知识。语出《易·系辞上》："引而伸之，触类而长之，天下之能事毕矣。"

㉙ 庶几：差不多。一隅：一个角落，意指事物的一个方面。

㉚ 九族：以自己为本位，上推四代至高祖，下推四代至玄孙，为九族。

㉛ 慎无：意为"切勿"。慎，千万，无论如何。无，通"毋"，不要。戚：悲戚。


| **实践要点** |

王昶（？—259 年），字文舒，太原郡晋阳县（今山西太原）人。三国时期曹魏将领，东汉代郡太守王泽之子。

王昶在《诫兄子及子书》的开头表明保全自身、成就事业以及显扬父母是身为人子的行为准则，随后提出问题：这样的准则大家都知道，那为什么还会有人陷于灭亡之祸呢？王昶直言是因为遵行效法的准则不对，孝顺、恭敬、仁爱、道义才是行事的指南。如果不坚守正道行事，就会使自己陷入浮华、结成朋党。君子得到了富贵和名声却不安享它们，是因为不是从正道得来。王昶为了教导后代，警戒他们，所以用玄、默、冲、虚这样的字给他们起名字，目的就是希望他们想起自己的名字时就思考其中的含义，从而遵循儒家、道家的教导行事。王昶以为事物成得迅速就衰亡得快，所以才德高尚的人厌恶成就迅速，这也是孔子讥评阙党童子的深意。人有长处应不自夸，有才能应不自大，如若自夸自大，就会像三郤被杀、王叔获罪一样，得到不好的结果。诋毁和称誉，是喜爱和厌恶的根源，灾祸和幸福的缘由，应谨慎对待。王昶一一品评自己的朋友：郭伯益爱好高尚通情达理，但宽宏不足、对人褒贬过分；刘公幹学识渊博、真诚有节操，但本性与行为不协调。两人都不是较好的学习对象。徐伟长坚持操守，只追求正道；任昭先躬行正道、谦恭礼让、见义勇为、不计得失。这两人都是可以效法的对象。王昶列举不同品德、不同性格的人，教导其子弟学会辨认、能够举一反三，以此来学习优秀的品德。

　　总的来说，为人处世的道理即是：享用财物要懂得辞让，外出返回要看望长辈，品评议论不要贬低别人，做官任职崇尚忠贞气节，选择朋友要注重真实性情，为人处世要戒除骄纵淫逸，贫穷微贱千万不要悲伤，进取退让要合乎事宜，处理事情要反复思考。

# 羊祜　诫子书

吾少受先君①之教，能言之年，便召以典文②，年九岁，便诲以《诗》《书》，然尚犹无乡人之称③，无清异④之名。今之职位，谬恩⑤之加耳，非吾力所能致也。吾不如先君远矣！汝等复不如吾。咨度弘伟⑥，恐汝兄弟未之能也；奇异独达⑦，察汝等将无分⑧也。恭为德首，慎为行基，愿汝等言则忠信，行则笃敬，无口许人以财，无传不经之谈，无听毁誉之语。闻人之过，耳可得受，口不得宣。思而后动，若言行无信，身受大谤，自入刑论，岂复惜汝？耻及祖考⑨！思乃父言，纂⑩乃父教，各讽诵之。

（《全晋文》卷四十一）

---

| 今译 |

我自幼受你们已故的祖父的教育，到能说话的年龄就被召去管理文书，九岁

时，你们祖父就教我读《诗经》和《尚书》，然而还没有获得本乡人的称誉，没有高洁不凡的声名。现在我有这样的职位，那是皇上错赐于我的恩惠而已，并不是我凭自己的能力所能达到的。我不如你们祖父太远了！你们又不如我。筹划谋略宏大深远，我担心你们难以达到；独自达到才能超凡的境地，我看你们也没有这样的素质。谦恭是道德的纲领，谨慎是行为的根本，希望你们说话忠诚真实，行为忠厚恭敬，不要空口许诺别人以钱财，不要传播缺乏根据的言论，不要听信别人诽谤或称赞的话语。如果听到别人的过失，耳朵听进去即可，嘴上再不要讲出来。做事要经过思考再去做，如果说话做事不诚实，就会受到严厉的指责，自会被刑法审判，到那时还有谁怜惜你们呢？而且祖先也要蒙受耻辱！想想为父的话，接受为父的教诲，要经常记诵啊。

## ｜ 简注 ｜

① 先君：已故的父亲。羊祜之父名羊道，曾任上党太守。

② 典文：管理文书。典，掌管。

③ 尚犹：同义连用，还。乡人之称：同乡人的称誉。

④ 清异：高洁不凡。

⑤ 谬恩：不当的恩典。自谦之辞。

⑥ 咨度 (duó) 弘伟：筹划谋略宏大深远。

⑦ 奇异独达：独自达到才能超凡的境地。

⑧ 无分 (fèn)：没有这样的素质。

⑨ 祖考：祖先。

⑩ 纂（zuǎn）：通"缵（zuǎn）"，接受、继承。

## 实践要点

羊祜（221年—278年），字叔子。泰山南城（今山东费县西南）人。蔡邕外孙，司马师妻弟。魏末任相国从事中郎。晋武帝代魏，加散骑常侍，进爵为侯，又拜尚书右仆射。后都督荆州诸军事，守襄阳，与东吴大将陆抗对境，安抚士庶，垦田积粮，为灭吴作准备。咸宁初，除征南大将军，封南城侯，在晋武帝决定出兵伐吴后病卒，谥曰成。

羊祜在《诫子书》中回忆了自己儿时的学习经历，他从小就接受了严格的家庭教育，年少时便开始学习《诗》《书》，但是并没有在乡里得到清异的称誉，长大后担任朝廷重要官职。随后他表达了对儿辈才能平庸的忧虑，并语重心长地向儿子讲授了自己的处世哲学，勉励儿子要勤奋读书，训诫儿子要重视品德修养，诚实守信，待人宽厚，不随便许人钱财，不传无根据的闲话，不轻易听信诽谤之辞，真正做到"恭为德首，慎为行基"。整封信中都包含着他对后辈的谆谆教导和殷切期盼。

人们历来推崇的恭敬、谨慎是中华传统美德的重要组成部分。古人认为为人处世一定要恭敬，严格要求自己。"行己莫如恭，自责莫如厚。""行谨则能坚其志，言谨则能察其德。"谨慎做事，才能使自己的志向坚定；谨慎说话，才能使自己的德行崇高。人与人之间，相处久了、关系熟了以后，很可能会放松对自身的要求，从而出现问题。所以为人处世不管什么时候都一定要态度恭敬、言行谨慎，不乱说、妄行。如果一个人不知礼节，即使态度恭敬，也不免劳顿；虽然行为谨慎，却有可能变得胆怯；而如果性情勇敢，又不免莽撞。现今社会，我们仍然应该学习古人对"恭敬""谨慎"的人生哲学的理解和阐述，让其在现实社会发挥作用、实现价值。

# 嵇康　家诫

人无志，非人也。但君子用心，有所准行，自当量其善者，必拟议而后动。若志之所之<sup>①</sup>，则口与心誓，守死无二，耻躬不逮，期于必济。若心疲体懈，或牵于外物，或累于内欲，不堪近患，不忍小情，则议于去就。议于去就，则二心交争。二心交争，则向所以见役之情<sup>②</sup>胜矣。或有中道而废，或有不成一匮而败之。以之守则不固，以之攻则怯弱，与之誓则多违，与之谋则善泄。临乐则肆情，处逸则极意。故虽繁华熠耀<sup>③</sup>，无结秀<sup>④</sup>之勋；终年之勤，无一旦之功。斯君子所以叹息也。若夫申胥之长吟<sup>⑤</sup>，夷齐之全洁<sup>⑥</sup>，展季之执信<sup>⑦</sup>，苏武之守节<sup>⑧</sup>，可谓固矣。故以无心守之，安而体之，若自然也，乃是守志之盛者也。

---

| 今译 |

人没有志向，就不能称为真正的人。君子只要用心，行事遵循一定的准则规范，自会衡量事情的善恶，先计划商议而后行动。如果事情正是心志所追求的，

便应以口以心自誓，坚守到死，不再改变，以自己做不到为耻辱，以必定成功为期许。如果身心疲惫懈怠，或者牵累于外物的诱惑，或者牵累于内心的欲求，不能忍受眼前的忧患，不能忍受情感的波动，就会犹豫于或去或就，事情做还是不做。犹豫于去就，便会有两种心思互相斗争。两种心思互相斗争，那么被私欲杂念支配的情感便会获胜。因而有的人半途而废，有的人还没有正式开始就失败了。这样的人，用他坚守便不会牢固，用他进攻则懦弱胆怯，与他盟誓则大多违约，与他谋事则喜好泄密。这样的人，面临声色就会放纵欲望，身处安逸就会恣情任意。所以，虽然他看似繁华亮丽，却没有结出果实的效用；虽然他终年忙碌勤奋，却没有常人一天的业绩。这就是君子叹息的原因啊。申包胥赴秦长哭，伯夷、叔齐归隐洁行，柳下惠秉守信义，苏武忍辱守节，他们都称得上意志坚定。所以，不存他心而坚守志向，平静安定而履行志向，顺其自然，这才是最好的守志。

| 简注 |

/

① 志之所之：志向所在。

② 见役之情：被控制的情感欲望。

③ 熠燿 (yì yào)：光彩鲜明。

④ 结秀：结出成果。

⑤ 申胥之长吟：申胥即申包胥，春秋时期楚国大夫。前506年，伍子胥率吴军攻破楚国都城郢，楚昭王出逃。申包胥到秦国求援，立于秦庭，喋哭七天七夜，滴水不进，秦哀公为之动容，亲赋《无衣》之诗，发战车五百乘，遣大夫子满、子虎救楚，最终楚国得以复国。

⑥ 夷齐之全洁：夷齐，即伯夷、叔齐，殷商时孤竹国君的两个儿子。武王伐纣而有天下，二人避居首阳山，最终饿死。

⑦ 展季之执信：展季，春秋鲁大夫展禽，字季，封于柳下，故称柳下季，谥惠，故称柳下惠。《吕氏春秋·审己》："齐攻鲁，求岑鼎，鲁君载他鼎以往，齐侯弗信而反之，为非，使人告鲁侯曰：'柳下季以为是，请因受之。'鲁君请于柳下季，柳下季答曰：'君之赂，以欲岑鼎也？以免国也？臣亦有国于此，破臣之国以免君之国，此臣所以难也。'于是鲁君乃以真岑鼎往也，且柳下季可谓此能说矣。"执信，即指此事。

⑧ 苏武之守节：苏武，字孟坚，《汉书·李广苏建传》记载，汉武帝天汉元年（前100年），苏武以中郎将持节出使匈奴，单于留不遣，欲其降，苏武坚贞不屈，持汉节牧羊于北海畔十九年，始元六年（前81年）得归，须发尽白。

所居长吏①，但宜敬之而已矣，不当极亲密，不宜数往②，往当有时。其有众人③，又不当独在后，又不当前。所以然者，长吏喜问外事，或时发举，则恐为人所说，无以自免也。宏行寡言，慎备自守，则怨责之路解矣。其立身当清远，若有烦辱④，欲人之尽命，托人之请求，谦言辞谢：某素不豫此辈事，当相亮⑤耳。若有怨急⑥，心所不忍，可外违拒⑦，密为济之。所以然者，上远宜适之几⑧，中绝常人淫辈⑨之求，下全束修⑩无玷之称，此又秉志之一隅也。

／

　　至于与上级官吏相处，敬重即可，不应过于亲密，不应屡屡拜访，拜访应切中时机。如果有很多人一起去拜见，不应当独自呆在最后，不应当走在前面。之所以这样，是因为长官喜好询问其他事情，或许有时会揭举，那么一旦为人告密，就无法自我开脱了。多行少言，谨慎自守，怨恨责备的来源就会解除。立身处世应当清明高远，如果别人有求于你，希望自己尽力帮忙，推托别人的请求时，应当婉言谢绝：我从来不参与这些人的事情，请你谅解。如果很是急切，自己又于心不忍，可以表面拒绝，暗中帮助。之所以这样，既可以避免讨便宜的可能，又可谢绝常人俗辈的请求，还可保全不贪财的廉洁名声，这又是秉持志向的一方面。

| 简注 |

／

① 所居长吏：指所侍奉的长官。

② 数往：密切交往。

③ 其有众人：指众人一起去拜见长吏。

④ 烦辱：指别人有求于你。

⑤ 亮：谅解。

⑥ 怨急：急切的请求。

⑦ 外违拒：表面上拒绝。

⑧ 上远宜适之几：在上，可以避免讨便宜的可能。

⑨ 淫辈：俗辈，行事过分之人。

⑩ 束修：干肉，学生第一次拜见老师时所献的礼物。这里指礼物馈赠。

凡行事，先自审其可，不差于宜。宜行此事，而人欲易之，当说宜易之理。若使彼语殊佳者，勿羞折遂非也①。若其理不足，而更以情求来守人，虽复云云，当坚执所守，此又秉志之一隅也。

不须行小小束修之意气，若见穷乏而有可以赈济者，便见义而作。若人从我，欲有所求，先自思省，若有所损废多，于今日所济之义少②，则当权其轻重而拒之。虽复守辱不已③，犹当绝之。然大率人之告求，皆彼无我有，故来求我，此为与之多也。自不如此，而为轻竭，不忍面言，强副④小情，未为有志也。

但凡做事情，要先自己考虑是否可行。如果可行，而他人想要改变你的想法，应当让他解释改变的理由。如果他的话特别有道理，就不要因为羞愧而掩饰错误。如果他的理由不充足，而只是诉诸情感，那么即便反复劝说，也应当坚守自己的初衷，又是秉持志向的一方面。

不必固守意气、拘泥小节，如果看见穷困贫乏之人，而自己有赈济的能力，便应当见义而为。如果有人跟随你，有所欲求，应当先自我深思省察，如果自己损失过多，今日帮助他所济之义又少，则应当衡量轻重而拒绝他。即使他哀求不止，仍应拒之。然而很多时候他人有所请求，都是他无你有，所以才来请求，这便可以多多帮助。倘非如此，轻易就为别人竭尽所能，不忍当面拒绝，勉强应和小恩小惠的情感，就不是有志气的表现。

| 简注 |

① 勿羞折遂非也：不要感到羞愧、掩饰错误。

② 所济之义少：接济他所体现的道义少。

③ 守辱不已：请求不停。古人认为求人是折节自辱之事。

④ 强副：勉强符合。

夫言语，君子之机①，机动物应，则是非之形著矣，故不可不慎。若于意不善了②，而本意欲言，则当惧有不了之失，且权忍之。后视③向不言此事，无他不可，则向言或有不可。然则能不言，全得其可矣。且俗人传吉迟，传凶疾，又好议人之过阙，此常人之议也。坐中所言，自非高议，但是动静消息，小小异同，但当高视，不足和答也。非义不言，详静敬道，岂非寡悔之谓？人有相与变争，未知得失所在，慎勿豫也。且默以观之，其是非行自可见。或有小是不足是，小非不足非，至竟可不言以待之。就有人问者④，犹当辞以不解，近论议亦然。若会酒坐，见人争语，其形势似欲转盛，便当亟舍去之，此将斗之兆也。坐视必见曲直，党⑤不能不有言，有言必是在一人⑥，其不是者，方自谓为直，则谓曲我者有私于彼，便怨恶之情生矣。或便获悖辱之言，正坐视之，大见是非而争不了，则仁而无武，于义无可，故当远之也。然大都争讼者，小人耳。正复有是非，共济汗漫⑦，虽胜，可足称哉？就不得远，取醉为佳⑧。

若意中偶有所讳，而彼必欲知者，若守大⑨不已，或劫以鄙情⑩，不可惮此小辈，而为所挽⑪，以尽其言。今正坚语，不知不识，方为有志耳。

| 今译 |

/

言语，是君子立身行事的枢纽，枢纽一动，外物相应，于是各种是非的现象就显露出来了，因此不可不慎重。如果对对方的意思不完全了解，而又想说出自己的看法，那应该担忧会有由于不了解对方而产生的过失，因此要暂且忍耐不说。事后回顾，先前不说此事并没有什么不可以，那么如果先前说了，或许就不妥当了。既然这样，那么不说就完全是可行的了。况且世俗之人传播好事迟缓，传播坏事迅速，又喜欢谈论别人的过错和缺点，这就是常人的议论。座席之中的交谈，并非高论，仅仅是事情动静方面的消息，即便小有异同，只须仰目高视，而不值得应答。不合道义的话不说，安详恬静，笃敬道义，这难道不是"寡悔"的意思吗？人们有时相互辩争，不知道是非得失在哪方，那就切莫参与其中。暂且默默观察，其是非自会显现出来。或许一方稍有道理但又不足以肯定，另一方稍有错误却又不足以非难，最终就可以用不发言来对待此事。即使有人询问，仍应托辞说自己并不理解，遇到别人议论时也应该这样。如果恰巧在酒宴共坐，看见有人争论，情形似乎要激化，便应当尽快离席而去，这是将要发生争斗的征兆。坐视争执必然明见曲直，倘若不能不发言，一旦发言必定会肯定其中一方是对的，而不对的一方正自认有理，就会说你歪曲他而偏袒对方，就会对你产生怨恨之情。有的人哪怕听到荒谬侮辱的话，仍然端坐旁观，已见是非却又难解纷争，这样的人只有仁爱之名而无勇武之德，对于道义来说没什么可取的，所以还是应当远离争执。然而争讼的，大多是庸俗小人。就算有明确的是非对错，但和他们共同进行一场漫无边际的争论，即使获胜，又有什么值得称道的呢？还不如远离他们，饮酒自醉的好。

如果心中偶尔有忌讳不便直说的话，而对方一定要知道你的想法，守在身边不停地颂扬你，或者以鄙视之情逼迫你，那你不可以因为惧怕这些小人，而被其牵制，把忌讳的话通通说出来。只应坚持回答，不知道不清楚，这才是有志之举。

① 君子之机：君子立身处世的关键。机，事物的枢要、关键。

② 不善了：不完全了解。

③ 后视：事后审视。

④ 就有人问者：指有人向自己询问。

⑤ 党：通"倘"，倘若，如果。

⑥ 有言必是在一人：说话必定会肯定一方。是，以……为是，肯定。

⑦ 共济汗漫：共同进行一场漫无边际的争论。

⑧ 就不得远，取醉为佳：就，靠近。靠近（争论的人群）不如远离（他们），喝醉更好。

⑨ 大：一说为"人"之误，一说原文无此字。

⑩ 劫以鄙情：以鄙夷之情逼迫。

⑪ 搀（chān）：束缚、裹挟。

自非知旧邻比，庶几已下①欲请呼者，当辞以他故，勿往也。外荣华则少欲②，自非至急，终无求欲，上美也。不须作小小卑恭，当大谦裕；不须作小小廉耻，当全大让。若临朝让官，临义让生，若孔文举求代兄死③，此忠臣烈士之节。

凡人自有公私，慎勿强知人知④。彼知我知之，则有忌于我。今知而不言，则便是不知矣。若见窃语私议，便舍起，勿使忌人也⑤。或时逼迫，强与我共说。若其言邪险，则当正色以道义正之。何者？君子不容伪薄之言故也。一旦事败，便言某甲昔知吾事，是以宜备之深也。凡人私语，无所不有，宜预以为意，见之而走者。何哉？或偶知其私事，与同则可，不同则彼恐事泄，思害人以灭迹也。非意所钦者，而来戏调蚩笑⑥人之阙者，但莫应。从小共转至于不共⑦，亦勿大冰矜⑧，趋以不言答之。势不得久，行自止也。自非所监临⑨，相与无他宜适，有壶榼⑩之意、束修之好，此人道所通，不须逆也。过此以往，自非通穆⑪。匹帛之馈、车服之赠，当深绝之。何者？常人皆薄义而重利，今以自竭者，必有为而作。鬻货徼欢⑫，施而求报，其俗人之所甘愿，而君子之所大恶也。又愦不须离搂⑬，强劝人酒，不饮自已；若人来劝己，辄为持之，勿稍逆也。见醉薰薰便止，慎不当至困醉，不能自裁⑭也。

（《艺文类聚》卷二十三）

如果不是旧友近邻，贤才以下之人想要邀请你，应当借故推辞不去。能够疏远荣华富贵，欲望就会减少，如果不是非常紧急，终生没有过分的欲求，这是最美好的境界了。无须作小小的卑微恭敬，而应当谦虚宽容；不必作小小的廉洁知耻，而应当顾全大节。比如遇到朝廷招募时让出官职，面对大义牺牲生命，如孔融请求代兄赴死，这就是忠臣烈士的品节。

大凡是人都有隐私，切莫强要了解他人隐私。他若知道我知道他的隐私，就会对我有所猜忌。如果我知道而不说，那么也就是不知道了。如果看见有人窃窃私语，便应起身离去，不要使他们猜忌你。有时他们逼迫，非要和我一同议论，如果他们言语邪恶凶险，便应神色严肃地以道义去纠正他们。为什么呢？因为君子不能容忍虚伪鄙薄之言。一旦他们的事情败露，他们便会说某人过去知道我们的事情，因此对这一点应当深加防备。人们私底下的话语，无所不有，应当事先有所提防，见到人们私语便走开。为什么呢？有时偶然知道了他们的私事，如果赞同还可以，如果不赞同，他们就会担心事情泄露，想杀人灭迹。若非心中所钦佩的人，而前来嘲弄嗤笑朋友的缺点，不要理会。就算从意见稍同转变为完全不同，也不要过于严肃，应以沉默无言来回应。这种情势不能持久，便会自行休止。如果不是相互监督辖制，相与交往也没有其他事宜，恰好有交杯共饮的心愿、礼尚往来的厚意，这是人之常情，不须违背。除此以外，如果不是相处和睦的知交，对于布匹丝帛等礼品、车马服饰等馈赠，应当严加拒绝。为什么呢？平常人都轻义重利，现在消耗财物，一定是有所欲求才这样做。卖出财货谋求交欢，馈赠礼品求取回报，这是庸俗小人乐意去做的事情，但君子却深为痛恨。另外，别人如果喝醉了，就不要多加纠缠，强行劝饮，别人不喝自己就应停止；如果有人来劝自己饮酒，就应该端起酒杯，不要稍有违逆。一旦醉了便应停饮，绝不要喝得大醉，以至于不能自制。

<br>

| 简注 |

①　庶几已下：贤才以下之人。庶几，据《易·系辞下》"颜氏之子，其殆庶几乎"，颜氏之子，指颜回。后因以"庶几"借指贤才。

②　外荣华则少欲：不慕荣华，欲望就会减少。外，以……为外，疏远。

③　孔文举求代兄死：孔融（153年—208年），字文举，孔子二十世孙，建安七子之一。少时聪颖，性孝友，好学博览。其兄孔褒的朋友张俭得罪宦官侯览，为逃避追捕，到了孔家。孔褒不在，孔融当时十六岁，代兄作主收留张俭。官府追捕，张俭走脱，于是收捕孔褒、孔融二人，兄弟争死。官吏问他们母亲，母亲以家长身份承担责任，一家人都争死。后官府决定判孔褒罪，孔融因此名声传扬。见《后汉书》卷七十。

④　强知人知：强求知道别人的事情。

⑤　勿使忌人也：不要让别人猜忌。

⑥　蚩笑：即嗤笑，嘲笑。

⑦　从小共转至于不共：从意见稍同转变为完全不同。

⑧　大冰矜：极端冷淡矜持，凛然严肃。

⑨ 监临：管辖、看视。

⑩ 壶榼（kē）：古代盛酒的器具。这里借指铺陈酒具饮酒。

⑪ 通穆：相处和睦的知交。

⑫ 鬻（yù）货徼（jiǎo）欢：鬻，卖。徼，求。用财货换取别人的欢心。

⑬ 愦（kuì）不须离搂：愦，昏乱、糊涂，这里指酒醉；离搂，亦作"离楼"，众木交加之貌，这里指纠缠。指见人酒醉后不要纠缠他。

⑭ 自裁：自制。


|  实践要点  |

/

　　嵇康（224 年—263 年，一作 223 年—262 年），字叔夜，谯郡铚县（今安徽省濉溪县临涣镇）人，曹魏时著名思想家、音乐家、文学家。正始末年与阮籍等名士共倡玄学新风，为"竹林七贤"的精神领袖。曾娶曹操曾孙女，官至中散大夫，世称嵇中散。后得罪钟会，为其诬陷，而被司马昭处死，年仅 39 岁。

　　嵇康在《家诫》中写道："人无志，非人也。"人须有志向与理想，否则生而枉为人。而后提到最重要的就是如何坚守志向，并从这个"志"出发，从"守志之盛""秉志之隅""未为有志""方为有志"等四个主题、六个部分娓娓道来，情真意切、不厌其详地道尽了自己对于"志"的独特而具体的人生感受，以此进行谆谆告诫。《家诫》的第一部分就是在谈如何从内心去坚守志向。嵇康首先从正面提出了"内守"的途径，即"用心""量善""守誓""准行"，从而推导出"若志之所之……守死无二，耻躬不逮，期于必济"。接着，嵇康又具体分析了内心不能坚守志向的原因及结果，富有创见地提出了"二心交争"理论。去、就二心相互斗争，使人在两者之间徘徊，终而至于"只开花不结果""勤而无获"或者"功亏一篑"。最后，嵇康以哲理性的语言做了总结，"故以无心守之，安而体之，若自然也，乃是守志之盛者也"。《家诫》的第二部分则是在谈如何不受外部影响而秉持志向。嵇康连续用了两个"此秉志之一隅也"来进行叙述，"秉持志向"的第一个方面，是"立身当清远"，即"上远宜适之几，中绝常人淫辈之求，下全束修无玷之称"。"秉持志向"的第二个方面，是"行事当坚执"，也就是不轻易改变实现志向的行为。当然，事先要自审，行事是否应该；事中要听取意见，看看别人说的有无道理，如果有道理就要立即接受和改正。在《家诫》的第三部分，嵇康用反向思维，谈什么样的行为"未为有志"。他列举了两种突出的情形：第一种可以概括为"见义而不为"，第二种则是"少义而轻为"。《家诫》的第四部分，虽然从主题上是说什么样的行为"方为有志"，但是实际上从这里开始，嵇康转向了新的话题，那就是君子所应慎重注意的几个问题，我们可以概括地称之为"三慎"。第一慎——"慎言"。"夫言语，君子之机，机动物应，则是非之形著矣，故不可不慎。"言语一出，如启动关键，无不响应，则不论言语真假，都成了是非显著的明证，这是在强调言语的重要性。在讲完"慎言"之后，《家诫》的第五部分就着重讲了"第二慎"——"慎交友"。嵇康首先确立什么样的人为可交之友，即除了"知旧""邻比"，只有"庶几以上"的才可来往，这也就等于确立了"非贤勿交"的标准。《家诫》的第六部分非常简短，嵇康一改整篇家书的细致文风，用相当粗略的口吻讲了"第三慎"——"慎酒"。通过以上对于嵇康《家诫》的通篇介绍，我们可以看出，整篇家书观点鲜明、善恶分明、崇信弃伪、重义轻利、立德慎言，以坦荡、自然的语气来阐述道理，陈言务去，明白直率，如行云流水，一气贯通，于亲切中见严谨，于智慧中明原则。

《家诫》就是一篇嵇康在临刑前写给自己儿子的诫子书。在文中，嵇康情真意切，用心良苦地对儿子循循善诱、谆谆教诲。他一边举例说明，一边指导儿子如何立志为人、如何与人社交、如何谨言慎行、如何自保避祸等多项做人准则。嵇康对儿子提出的各项要求和告诫完全是按照儒家传统思想中的仁、义、礼、智、信的道德标准展开的。《家诫》一文虽是嵇康写给儿子的，但从中折射出的却是他自己最真实、最深刻的思想内涵和道德品性，对当时和后世都有深刻的影响和借鉴意义。

# 陶渊明　与子俨等疏

告俨、俟、份、佚、佟：

天地赋命，生必有死。自古贤圣，谁独能免？子夏有言曰：“死生有命，富贵在天。”四友①之人，亲受音旨②，发斯谈者，将非穷达不可妄求，寿夭永无外请故耶？

吾年过五十，少而穷苦，每以家弊，东西游走。性刚才拙，与物多忤。自量为己，必贻俗患，僶俛辞世③，使汝等幼而饥寒。余尝感孺仲④贤妻之言，败絮自拥，何惭儿子？此既一事矣。但恨邻靡二仲⑤，室无莱妇⑥，抱兹苦心，良独内愧。

## 今译

告俨、俟、份、佚、佟：

天地赋予了人生命，有生就必有死。自古以来的圣贤，有谁能够避免死亡呢？子夏曾说过：“死生有命，富贵在天。”他是与孔子四友一般的人，亲受孔子的教导，发表这样的论断，难道不是因为或穷或达，并非人可妄求，或寿或夭，也非人可操纵吗?

我年龄已过五十,少年时困苦,经常因为家里困难,而四处奔波。我性格刚直、才能愚拙,与一起共事的人总合不来。自行估量,为官必然留下祸患,于是努力辞去官职,过隐居生活,因此使你们从小就忍饥受冻。我常被王孺仲妻子的话所感动,既然自己也裹着破棉絮御寒,又何必为儿子不如别人而感到羞愧呢?这是一样的道理。可惜邻居中没有羊仲、求仲那样的高士,家里又没有老莱妻子那样的贤妻,怀着这样的苦心,内心实在惭愧。

## 简注

① 四友: 指孔子的学生颜回、子贡、子路、子张,为孔子四友。《尚书大传》:"孔子曰:'文王得四臣,吾亦得四友:自吾得回也,门人加亲,是非胥附邪?自吾得赐也,远方之士至,是非奔走邪?自吾得师也,前有辉,后有光,是非先后邪?自吾得由也,恶言不入于耳,是非御侮邪?'"亦见《孔丛子》。

② 音旨: 孔子的声音、教诲。

③ 俛俛 (mǐn miǎn) 辞世: 努力辞去官职,过隐居生活。

④ 孺仲: 王霸,字孺仲,太原人。《后汉书·逸民列传》说他"少有情节。及王莽篡位,弃冠带,绝交宦,以病归。隐居守志,茅屋蓬户。连征不至,以寿终"。其妻与他一样,志向高洁,不为世俗所羁绊。

⑤ 但恨邻靡二仲: 只遗憾邻居中没有羊仲、求仲那样的隐士。靡,没有。

⑥ 莱妇: 老莱的妻子,意指贤妻。老莱,即老莱子,春秋时楚国人,在

蒙山之南隐居躬耕。楚王重礼聘请他做官，他的妻子竭力阻止："今先生食人酒肉，受人官禄，为人所制也，能免于患乎？"老莱子便与妻子一起逃隐于江南。

少学琴书，偶爱闲静，开卷有得，便欣然忘食。见树木交荫①，时鸟变声，亦复欢然有喜。常言：五六月中，北窗下卧，遇凉风暂至，自谓是羲皇上人②。意浅识罕③，谓斯言可保④。日月遂往，机巧好疏⑤，缅⑥求在昔，眇然如何！

疾患以来，渐就衰损，亲旧不遗，每以药石见救，自恐大分将有限也。汝辈稚小家贫，每役柴水之劳，何时可免？念之在心，若何可言？然汝等虽不同生⑦，当思四海皆兄弟之义。鲍叔、管仲，分财无猜⑧；归生、伍举，班荆道旧⑨。遂能以败为成⑩，因丧立功⑪。他人尚尔，况同父之人哉！颍川韩元长⑫，汉末名士，身处卿佐，八十而终。兄弟同居，至于没齿。济北范稚春⑬，晋时操行人也，七世同财，家人无怨色。《诗》曰："高山仰止，景行行止。"⑭虽不能尔，至心尚之。汝其慎哉！吾复何言？

(《陶渊明集》卷八)

　　我在年少时曾学琴、读书，有时喜爱闲静，打开书本，偶有心得，便兴奋得忘记了吃饭。看到树木枝条交叉成荫，随时节的不同，鸟叫声也在改变，我也十分高兴。我常说：五六月中，在北窗下躺着，遇到凉风突然吹来，便以为是生活在伏羲氏以前的太古之人。我思想浅薄，见识又少，以为这样的自在生活可以一直保持下去。时光逐渐流走，对那些投机取巧的事已非常陌生，追念昔日的生活，已经渺茫不可求了！

　　我得病后，身体日渐衰弱，亲朋好友不遗弃我，时常用药物针石给我医治，我自己则担心在世的日子不多了。你们从幼小时起即遇家中困苦，经常要承担打水挑柴的家务，也不知何时才能免除。我心里一直挂念，又有什么话好说呢？尽管你们不是一母所生，但仍然要想着"四海之内皆兄弟"的道理。鲍叔、管仲分配钱财，谁多谁少没有猜忌；归生、伍举坐在荆草上，你来我往叙谈旧情。因此管仲被俘，而能靠鲍叔举荐，得以成就事业；伍举奔郑，而能经归生帮助，得以返国建立功勋。异姓之人尚能如此，何况同父兄弟呢？颖川的韩元长是汉末名士，身处卿位，八十岁才去世，他们兄弟在一起生活，直到老去。济北的范稚春是晋代有操守德行的人，他家七代不分家，家里人没有互相怨恨的神态。《诗经》里说："有德行的人，大家都仰慕；正直的德行，大家都遵行。"即便达不到那样的程度，也应该诚心诚意地向他们学习。你们要谨慎啊！我还能再说什么呢？

① 交荫: 交错成荫。

② 羲皇上人: 太古之人。羲皇, 伏羲氏, 古代传说中的上古帝王。

③ 意浅识罕: 思想浅薄, 见识寡陋。

④ 保: 保有。

⑤ 机巧好疏: 指逢迎取巧的能力很生疏, 呼应上文"性刚才拙"。

⑥ 缅: 远。

⑦ 不同生: 不是一母所生。子俨为前妻所生, 后四子为续弦翟氏所生。

⑧ 鲍叔、管仲, 分财无猜: 鲍叔牙和管仲, 分钱没有猜忌。鲍叔牙和管仲曾一起经商, 管仲每次都多分钱财, 鲍叔牙说这是因为管仲家贫, 从未怀疑过管仲的人品。

⑨ 归生、伍举, 班荆道旧: 归生和伍举为战国时楚国人, 二人为好友。伍举因罪逃往郑国, 再奔晋国。在去晋国的路上, 与出使晋国的归生相遇。两人便在地上铺荆草, 席地而坐, 叙说昔日的情谊。后来归生回到楚国后对令尹子木说, 楚国人才为晋国所用, 对楚国不利。楚国于是召回伍举。

⑩ 以败为成: 指管仲因得鲍叔的帮助而从失败转向成功。起初, 管仲辅佐公子纠, 鲍叔辅佐公子小白, 后来公子小白打败了公子纠, 即位为君, 管仲被囚, 鲍叔向齐桓公推荐管仲。管仲被起用为相, 辅佐齐桓公成就霸业。

⑪ 因丧立功: 指伍举在逃亡之中因得归生的帮助而回到楚国立下功劳。伍举回到楚国后, 辅佐公子围继承了王位, 即楚灵王。

⑫ 韩元长：名融，字元长，东汉时人。年轻时不为章句之学而善辨事理，声名甚盛，曾受到太傅、太尉、司徒、司空、大将军五府的同时征召。汉献帝时官至太仆，为九卿之一。

⑬ 范稚春：名毓，字稚春，西晋时人。《晋书·儒林传》说他家累世儒素，九族和睦。到范毓时已经七代。当时人们称赞其家"儿无常父，衣无常主"，举族和睦无分。

⑭ 高山仰止，景行行止：出自《诗·小雅·车辖（xiá）》，仰望高山，遵行大路，指值得效仿的崇高品德。景行，大路。

## ┃ 实践要点 ┃

陶渊明（352 或 365 年—427 年），浔阳柴桑人，名潜，字渊明，又字元亮，自号"五柳先生"，私谥"靖节"，世称靖节先生。曾任江州祭酒、建威参军、镇军参军、彭泽县令等职，最末一次出仕彭泽县令，八十多天便弃职而去，从此归隐田园。他是中国第一位田园诗人，被称为"古今隐逸诗人之宗"。

《与子俨等疏》是陶渊明五十出头时，因经历一场病患，在"自恐大分将有限"的心情下，写给五个儿子的一封家信，教导自己的儿子如何为人处世。陶渊明的诗文朴素却不失情致，此篇《与子俨等疏》亦然。陶渊明在开篇即表达了他的生死观，所谓"死生有命，富贵在天"，其看破生死、坦然从容的态度令人敬佩。他随即追述往事，描述了以往恬淡闲适的读书生活，在回首开卷便欣然忘食的过往时，依然带着留恋和欢喜的情绪。然而，陶渊明也因为自己难以在官场中曲迎逢合，后辞官隐居，以致儿子们只能过着贫穷饥寒的生活而心生愧疚。他希望自己死后，儿辈能够同舟共济、和睦相处。为了使儿子们理解并实践"四海之内皆兄弟"这一真理，他列举了历代先贤事迹，为他们以后的人生之路指明方向。百般叮嘱，尽是对儿子的动人深情。陶渊明在晚年写成的这篇教子家书，不仅凝聚了他一生的经验和感慨，同时也是他一生行事和志趣的实录。整篇家书质朴自然、舒缓流畅，而且感情充沛，读来引人深思，令人感动。

生死关是人生的一大关口，怎样认识与面对死亡，最能够体现出一个人的思想态度和人生境界。陶渊明对于生与死的看法，可以在他的《形影神》一诗"纵浪大化中，不喜亦不惧。应尽便须尽，无复独多虑"这句话中看出来。陶渊明有着豁朗的性格和达观的人生态度，他认为把自身投入天地变化中，任其自然发展，无喜无惧，就算生命走到了终点，也不必有多余的疑虑。

# 颜延之　庭诰文

　　《庭诰》者，施于闺庭之内①，谓不远也。吾年居秋方，虑先草木，故遽以未闻，诰尔在庭。若立履②之方，规鉴之明，已列通人之规，不复续论。今所载咸其素畜③，本乎性灵，而致之心用。夫选言务一，不尚烦密，而至于备议④者，盖以网诸情非。古语曰得鸟者罗之一目，而一目之罗，无时得鸟矣⑤。此其积意之方。

　　道者识之公，情者德之私。公通，可以使神明加响；私塞，不能令妻子移心⑥。是以昔之善为士者，必捐情反道⑦，合公屏私。

　　寻尺之身⑧，而以天地为心；数纪之寿⑨，常以金石为量。观夫古先垂戒，长老余论，虽用细制，每以不朽见铭⑩；缮筑末迹，咸以可久承志。况树德立义，收族长家⑪，而不思经远⑫乎? 曰：身行不足，遗之后人。欲求子孝必先慈，将责弟悌务为友。虽孝不待慈，而慈固植孝⑬；悌非期友，而友亦立悌。夫和之不备，或应以不和；犹信不足焉，必有不信。傥知恩意相生，情理相出，可使家有参、柴⑭，人皆由、损⑮。

《庭诰》这篇文章，我是把它用于闺门家庭之中的，讲的不是很远的事。我已近暮年，恐怕会先草木而凋敝，所以便把这些你们所不知道的事理，告诉家中的你们。至于如何做到立身行道的端正、规范鉴察的明晰，已经列在通达之人的规则中，这里就不再继续论述了。现在我所记载的都是自己平常的积累，根据心灵性情，用它来指导思想和行动。写文章要力求简明，不要讲求繁琐细密，至于我在文中讨论到了各个方面，是因为要把不合情理的情况都收进来。古语说，捕得鸟的是罗网的一目，但只有一目的罗网是无法捕得鸟儿的。这便是我这篇文章立意的原则。

道，即是公的见识；情，即是私的德性。通于公道，可以让神明更加享受你的祭祀；塞于私情，甚至不能让妻子儿女改变心意。所以从前那些善于做人的人，一定会抛弃私情，返回正道，符合公理，去掉私心。

人的身躯只有八尺，却以天地为本心；寿命只有几十年，却常以金石来衡量。考察古人先贤垂留的教训，前辈长者遗存的议论，虽然不过片言只语，但却都是不朽之言，为人所牢记。修治完善的虽然是生活小事，但却可以长久存留，为后人所继承。何况树立品德和道义，团结族人，管理家事，我们能不思考得长远一些吗? 我又要说：行为不好，会遗患后人。想让儿子孝顺，父母必先慈祥，想要弟弟顺从，为兄必先友爱。即使孝顺不须以慈祥为前提，但慈祥能培养孝顺，弟恭并不依靠兄友，但兄友能促成弟恭。如果其中一方缺少和气，那么就会有人以不和气回应，就像信誉不足，别人也一定不会和你讲信誉一样。如果知道恩惠和情意相互促进、感情和道理相互依托的道理，那样就可以使家家都有曾参和高柴，人人都变成仲由和闵损了。

## 简注

① 闺庭：家庭。

② 立履：为人处世。

③ 所载：所写下来的。素畜：平时的积累。

④ 备议：完备的议论，即前文所谓烦密之言。

⑤ "古语曰得鸟者"一句：古语说捕捉鸟的只是网上的一个网眼，但是只有一个网眼是永远不可能捕住鸟的。比喻事物聚集在一起形成整体才能发挥作用。

⑥ 移心：改变心意。

⑦ 捐情反道：放弃私情返回公道。反，同"返"。

⑧ 寻尺之身：八尺为一寻，指人的身躯渺小，高不过寻尺。

⑨ 数纪之寿：二十年为一纪，指人的寿命短暂，长不过数纪。

⑩ 见铭：被记住。

⑪ 收族长（zhǎng）家：团结族人，管理家事。

⑫ 经远：作长远打算。

⑬ 慈固植孝：慈爱孕育孝顺。

⑭ 参、柴：曾参和高柴，孔子弟子。曾参（前505年—前436年），字子舆，春秋时鲁国人，为人孝顺。高柴（前521年—？），字子羔，齐国人。

⑮ 由、损：仲由和闵损，孔子弟子。仲由（前542年—前480年），字子路，鲁国人，为人直爽、勇敢、孝顺。闵损（前536年—前487年），字子骞，鲁国人，孔门十哲之一，以孝闻名。

夫内居德本，外夷民誉。言高一世，处之逾默；器重一时，体之滋冲。不以所能干众，不以所长议物，渊泰入道，与天为人者，士之上也。若不能遗声①，欲人出己②，知柄在虚求，不可校得，敬慕谦通③，畏避矜踞④，思广监择⑤，从其远猷⑥，文理精出而言称未达，论问宣茂而不以居身⑦，此其亚也。若乃闻实之为贵，以辩画所克⑧，见声之取荣，谓争夺可获，言不出于户牖⑨，自以为道义久立，才未信于仆妾，而曰我有以过人，于是感苟锐之志⑩，驰倾觖之望⑪，岂悟已挂有识之裁⑫，入修家之诫乎⑬！记所云"千人所指，无病自死"者也⑭。行近于此者，吾不愿闻之矣。

| 今译 |

在内要以德为本，对外则应与大众的赞誉相一致。言论高于当世，就应更加沉默；才器重于当时，就应更加谦冲。不要用自己所擅长的去冒犯别人，更不要以自己的长处去非议他人，以深沉而又平和的姿态处世，与天合而为一，这便是士人中的上等。假若不能放弃名声，想让人举荐自己，便要知道权柄难求，不可用心计获得。尊敬仰慕那些谦虚通达的人，畏惧回避那些骄傲不恭的人，思虑

广泛，选择精审，以便实现自己长远的打算，文采斐然，道理明白，但仍自谦言辞未能通达，论谈热烈，长于雄辩，但却不以此立身处世，这算是士人中稍次一等的人。至于那种听说利禄可贵，便用辩说谋划去夺取，见到声名有荣，便以为争抢可以得到的人，他的言论尚且没有传出家门，却自以为道义早已建立；他的才华尚且不能被仆人妻妾所信服，却认为自己已经超过一般的人，只想着苟且偷愉、尽情放纵，他怎么会知道，其实自己已经为有识之士所裁议，为有修养的人所反对呢？这就是前人所说的"受千人指责，即便没有生病也会死亡"的那种人，行事如此，我是不愿意听到的。

| 简注 |

/

① 遗声：放弃名声。

② 出己：推举自己。出，推荐，推举。

③ 敬慕：尊敬仰慕。谦通：谦虚通达。

④ 畏避：因害怕而躲避。矜踞：矜夸倨傲。

⑤ 监择：审察选择。

⑥ 远猷（yóu）：长远的打算。

⑦ 论问：议论问难。宣茂：热烈。不以居身：不以论问宣茂居身。即不靠论辩能力强来立身处世。

⑧ 辩画：辩说谋划。

⑨ 言不出于户牖（yǒu）：意指言论影响范围不大。户牖，门窗，指自家。

⑩ 感苟锐之志：只有小的志向，没有大志。感，想；苟锐，渺小。

⑪ 驰：放纵。倾觖（jué）：过分的贪欲。

⑫ 挂有识之裁：为有识之士所裁议。

⑬ 入修家之诫：为有修养的人所反对。

⑭ 记：典籍，这里指《汉书·王嘉传》。"千人所指"二句：意思是，触犯众怒，必然垮台，即今日常言的"社会性死亡"。

　　凡有知能，预有文论，若不练之庶士①，校之群言②，通才所归，前流所与，焉得以成名乎？若呻吟于墙室之内，喧嚣于党辈之间，窃议以迷寡闻③，妲语以敌要说④，是短算所出，而非长见所上。适值尊朋临座，稠览博论，而言不入于高听，人见弃于众视，则慌若迷途失偶，慝如深夜撤烛⑤，衔声茹气⑥，腆默而归⑦，岂识向之夸慢⑧，只足以成今之沮丧邪！此固少壮之废⑨，尔其戒之。

　　夫以怨诽为心者，未有达无心救得丧，多见诮⑩耳。此盖臧获之为，岂识量之为事哉⑪！是以德声令气，愈上每高，怨言怼议，每下愈发。有尚于君子者⑫，宁可不务勉邪？虽曰恒人⑬，情不能素尽，故当以远理⑭胜之，幺算⑮除之，岂可不务自异⑯，而取陷庸品乎？

凡是有智慧才能的人，必定会有文章著作，但是如果不向众多的读书人学习，不对各家的著述进行考校，没有受到学识渊博的人赞扬，没有受到前辈名流的夸奖，又怎么可以成就名声呢？假若只在墙室之中叹息哀号，只在朋党之中喧哗吵闹，以个人的看法迷惑孤陋寡闻的人，以荒诞的言谈抵制正确的观点，这都是见识短浅的人做出来的事，而不是远见卓识的人所应有的。当尊长、朋友来临就座，各各高谈广博见识时，见识短浅的人所说的话别人都听不进去，被众人所弃，于是慌乱如同迷路失去伴侣，漆黑如同深夜撤掉蜡烛，只得低头默声，忍气不语，不声不响地回家了。这种人哪里知道从前的夸夸其谈，正成了此时沮丧的根源呢？这正是年轻人易犯的差错，你们应该警戒。

那种把怨恨诽谤记在心上的人，从未达到没有成见、不计得失的境界，因而往往被人们讥诮责备。这是小人的作为，哪里是有度量见识的人的做法呢？所以说道德声誉，越发展越高，怨言愤慨，越发展越多。若你有志向成为君子，岂可不努力去做呢？我们既是常人，情感上不一定能够纯洁，所以就应该用深远的道理去克制（不当）情感，用细微的思虑去消除（不当）情感，怎么能不勉励自己不同流俗，而自陷于庸人之类呢？

① 练之庶士：向众多的读书人学习。

② 校之群言：考校各家著述。

③ 窃议以迷寡闻：以个人的看法迷惑孤陋寡闻的人。

④ 姐语以敌要说：以荒诞的言论抵制正确的观点。姐，通"诞"，荒诞。

⑤ 黡（yǎn）：黑。

⑥ 衔声茹气：忍气吞声。衔声，不说话；茹气，受气。

⑦ 腆默：羞愧难言。

⑧ 夸慢：夸夸其谈。亦作"夸嫚"。

⑨ 少壮之废：年轻人易犯的差错。

⑩ 诮（qiào）：讥诮责备。

⑪ 识量：有度量、有见识的人。为事：做事。

⑫ 有尚于君子者：希望做君子的人。

⑬ 恒人：常人，普通人。

⑭ 远理：深远的道理。

⑮ 幺（yāo）算：细微的思虑。

⑯ 自异：不与庸人同流合污。

 

富厚贫薄，事之悬也①。以富厚之身，亲贫薄之人，非可一时同处。然昔有守之无怨，安之不闷者，盖有理存焉。夫既有富厚，必有贫薄，岂其证然，时乃天道。若人皆厚富，是理无贫薄。然乎？必不然也。若谓富厚在我，则宜贫薄在人。可乎？又不可矣。道在不然，义在不可，而横意去就②，谬生希幸③，以为未达至分。

蚕温农饱，民生之本，躬稼难就④，止以仆役为资⑤，当施其情愿⑥，庀其衣食⑦，定其当治，递其优剧，出之休飨，后之捶责，虽有劝恤之勤，而无沾曝之苦⑧。务前公税⑨，以远吏让⑩，无急旁费，以息流议，量时发敛⑪，视岁穰俭⑫，省赡以奉己，损散以及人，此用天之善，御生之得也。

## | 今译 |

富贵家厚，贫穷财薄，差别是很大的。用富厚的身份，去亲近贫薄的人，不可能同时共处。但是从前有的人守持着贫困却没什么怨言，安于贫困也没什么苦闷，大概是有道理在其中吧。既然世上有富贵，那么就一定会有贫穷，难道这是偶然之事？实则这是天理所然！假若人人都富有，那照理就没有贫困，对吗？那是不可能的。假若说我应该富贵，别人应该贫困，可以吗？那肯定也不可以。不管从道理还是正义上来讲都不可能，可是有些人却一定要强求这些，总是错误地心存侥幸，认为自己没有获得应有的东西。

养蚕和耕种可使人们得到温饱，这是民生的根本。如果亲自养蚕种田有困难，那就需要雇用仆役，雇用仆役应该在他们自愿的前提下雇用，给他们提供足够的衣服和食物，给他们确定应该完成的任务，作息要交替得当，用休息和饮食来奖励他们，不要轻易打骂斥责，多加劝勉体恤，不让他们遭受日晒雨淋的艰苦。务必要在规定期限之前交纳公税，以便不受官吏的训斥，不要胡乱花销，以便平息流俗的非议。根据时机来发散和聚敛财物，根据收成的好坏来调整安排，自己生活省吃俭用，把财物分给需要救济的人，这就是善用天时、过好日子的关键。

## 简注

① 悬：悬殊，差距大。

② 横意去就：肆意取舍。

③ 希幸：侥幸之心。

④ 躬稼：亲自务农。难就：难以做好。

⑤ 以仆役为资：靠仆人来相助。

⑥ 当施其情愿：在他们自愿的前提下。

⑦ 庀（pǐ）：具备，备办。

⑧ 沾曝：雨淋、曝晒。

⑨ 务前公税：交纳赋税不误期限。

⑩ 让：责备。

⑪ 量时：看时机。发敛：财物的散发与聚敛。

⑫ 岁：年成。穰（ráng）俭：收成的好坏。

率下多方，见情为上；立长多术，晦明为懿。虽及仆妾，情见则事通；虽在畎亩①，明晦则功博。若夺其常然，役其烦务，使②威烈雷霆，犹不禁其欲③；虽弃其大用④，穷其细瑕，或明灼日月⑤，将不胜其邪⑥。故曰："孱焉则差，的焉则暗。"是以礼道尚优，法意从刻。优则人自为厚，刻则物相为薄。耕收诚鄙⑦，此用不忒，所谓野陋而不以居心也。

　　含生之氓⑧，同祖一气⑨，等级相倾⑩，遂成差品⑪，遂使业习移其天识，世服没其性灵。至夫愿欲情嗜，宜无间殊，或役人而养给，然是非大意，不可侮也。隔奥有灶，齐侯蔑寒⑫，犬马有秩，管燕轻饥⑬。若能服温厚而知穿弊之苦，明周之德；厌滋旨而识寡嗛之急⑭，仁恕之功。岂与夫比肌肤于草石，方手足于飞走者，同其意用⑮哉！罚慎其滥，惠戒其偏。罚滥则无以为罚，惠偏则不如无惠。虽尔眇末⑯，犹扁庸保之上⑰，事思反己⑱，动类念物⑲，则其情得，而人心塞⑳矣。

---

　　治理下属的办法很多，以表现真情为最佳；做好尊长的办法也很多，以宽

　　| 颜延之　庭诰文 |

大处事为最佳。即使对待奴仆妾侍，能加以体恤，事情便可通达；即使在田野之中，做到宽大处事，就能够有功绩。如果治理下属不按常理，以繁重的事务来役使他们，那么即使有雷霆般严厉的手段，也禁止不了他们过分的欲望；如果不看到他们大的能力，而只穷究细枝末节，即使眼明如日月，也不能制止他们的歪门邪道，所以说："过于谨小慎微反而会差错，过于精明算计反而会昏暗。"所以礼治之道提倡优游，法治之意主张严刻。优游则人们自然宽厚，严刻则人们互相鄙薄。耕种收获确实是鄙陋之事，但如果常常运用礼治，那也就是所谓的虽然粗野鄙陋，却并不以此去看待了。

有生之民同样都是承袭天地之气而生，但因分成高下等级彼此争斗，才成了有差别的人，于是职业习惯改变了人们的天性本质，世代服役埋没了人们的性情灵气。至于意愿欲望情感嗜好，应该人人都没有什么差别，有的人靠使役别人来养活自己，但是是非非的要义，不可侮慢。室内虽然有炉灶，齐桓公的席子却是凉的；犬马都有俸禄供养，管燕却轻视门客的饥寒。假若能在衣着温暖厚实之时知道衣着破烂的苦楚，那就是贤明周朝的德政了；在饱食美味食物之时知道贫穷饥饿的窘困，那就是仁义宽厚的功德了。怎能和那些把骨肉亲人视若草木瓦石，把手足之情视若飞禽走兽的人是一样的心思呢！惩罚需要注意避免的是过滥，恩惠需要注意避免的是偏颇。惩罚太滥就无法真正起到惩罚作用，恩惠偏颇还不如不施恩惠。事情虽然微小，但遍及仆人杂役之上，遇事要反求诸己，回过头来想想自己做得怎么样，行动每每要考虑别人，那么他们的愿望就能实现，而人心也就满足了。

# | 简注 |

① 畎亩: 田中小沟, 指在田间劳动。

② 使: 即便。

③ 不禁其欲: 不能杜绝他们 (过分) 的欲念。

④ 大用: 大的能力。

⑤ 明灼日月: 像日月一样明亮, 指洞察力强。

⑥ 不胜其邪: 不能制止他们的歪门邪道。

⑦ 鄙: 鄙陋之事。

⑧ 含生: 有生命的。氓 (méng): 同 "民", 指百姓。

⑨ 同祖一气: 同样承袭天地混沌之气而生。祖, 承袭。

⑩ 相倾: 相差。

⑪ 差品: 不同的品类。

⑫ 隅奥有灶, 齐侯蒉寒: 室内虽然有炉灶, 齐桓公的席子却是凉的, 即齐桓公被困死宫中的故事。齐桓公晚年病重, 易牙、竖刁等人封闭宫门, 齐桓公最终在宫中冻饿而死。

⑬ 犬马有秩, 管燕轻饥: 犬马都有俸禄供养, 管燕却轻视门客的饥寒。管燕是战国时齐国人, 有一次管燕被齐王治罪, 问门下可有人愿意和他投奔别的诸侯, 但门人默然不应, 管燕很悲哀, 说: "士何其易得而难用也!" 然而门客田需却说他待士太过轻忽, 他养的犬马都能饱食终日, 而门客们的食物却没人关心。

⑭ 厌: 满足, 充足。滋旨: 美味的食物。寡嗛 (qiàn): 不足, 缺乏食物。

⑮ 意用: 心思。

⑯ 眇末: 渺小, 微小。

⑰ 扁: 同"编", 排列, 指遍及。庸保: 杂役。

⑱ 反己: 反求诸己。

⑲ 动类念物: 行动要考虑别人。

⑳ 塞: 满足。

　　抃、博、蒲、塞①, 会众②之事, 谐调哂谑③, 适坐之方, 然失敬致侮④, 皆此之由。方其克瞻, 弥丧端俨, 况遭非鄙, 虑将丑折。岂若拒其容而简其事, 静其气而远其意, 使言必诤厌, 宾友清耳⑤; 笑不倾抚⑥, 左右悦目。非鄙无因而生, 侵侮何从而入, 此亦持德之管龠⑦, 尔其谨哉。

　　嫌惑疑心, 诚亦难分, 岂唯厚貌⑧蔽智之明, 深情⑨怯刚之断而已哉。必使猜怨愚贤, 则掣笑入戾, 期变犬马, 则步顾成妖。况动容窃斧⑩, 束装滥金⑪, 又何足论? 是以前王作典⑫, 明慎议狱⑬, 而僭滥易意; 朱公论璧, 光泽相如, 而倍薄异价⑭。此言虽大, 可以戒小。

　　抃、博、蒲、塞这一类赌博的游戏，是大家相聚娱乐的事情，调谐说笑，是活跃气氛的方法，但是失去尊敬、招致侮辱，往往都是从这里产生的。当他人的神态庄严可观之时，调笑便更会显得丧失端庄，况且若是遭到对方非议嘲笑，就会担心出丑受屈。还不如一开始便端庄严肃、简朴行事，心气平静、意中高远，言谈直截痛快，客人朋友耳闻清音，欢笑而无失态，左右众人眼见乐事，那么是非责难无从产生，侮辱侵害又何自而来呢？这也是修养德行的关键，你一定要谨慎对待。

　　嫌疑之事能够迷惑心志，确实难以分辨。哪里只是敦厚老实之貌会掩蔽智识的明睿，感情深藏不露会妨害决断的果敢而已呢？如果猜疑一个人，那么这个人的一颦一笑都会被认为是对自己的背叛，如果希望变为犬马，那么一举一动都会被看成妖怪。更何况观察别人的举止仪容，都疑似窃斧者，无端起疑，胡乱猜测，同室之人偷了金子，这又有什么可说的呢？所以先王制作典章制度，明德慎罚，谨慎处理案件，而反对僭越与过滥；陶朱公论说璧玉，光泽颜色相同，但是厚与薄价值就不一样。这样的话虽然很大，但是可以用来诫勉日常小事。

①　抃、博、蒲、塞：四种赌博游戏。这里泛指各种博戏。
②　会众：聚众。

③ 谐调: 诙谐调笑。哂谑 (shěn xuè): 戏谑。

④ 失敬致侮: 失去尊敬, 招致侮辱。

⑤ 清耳: 耳边没有嘈杂的声音。

⑥ 倾抚: 倾, 身体倾斜; 抚, 拍手。倾抚, 指喜乐过度而失态。

⑦ 管龠 (yuè): 比喻事情的关键。

⑧ 厚貌: 外貌忠厚。

⑨ 深情: 深藏感情, 不外露。

⑩ 动容窃斧: 观察别人的举止仪容, 都疑似窃斧者。动容: 举止、容貌。
窃斧: 语出《列子·说符》: "人有亡斧者, 意其邻之子。视其行步, 窃斧也; 颜
色, 窃斧也; 言语, 窃斧也; 动作态度, 无为而不窃斧也。俄而抇其谷而得其
斧, 他日复见其邻之子, 动作态度无似窃斧者。"大意是, 有人丢了斧子, 怀疑是
邻人的儿子偷的, 从走路、表情、说话乃至一举一动看, 都像是他偷了斧子。后
来挖开家里的地窖, 找到了斧子。再看邻人的儿子, 一举一动都不像是偷斧子的
人了。

⑪ 束装滥金: 收拾行装错拿了别人的金子。语出《汉书·直不疑传》: "为郎
事文帝。其同舍有告归, 误持同舍郎金去。已而同舍郎觉, 亡意不疑。不疑谢有
之, 买金偿。后告归者至而归金, 亡金郎大惭。"大意是, 直不疑在汉文帝时任
郎官。他同宿舍的人告假回去, 无意中错拿了别人的金子。丢金子的人对直不疑
妄加怀疑, 直不疑向那人道歉, 并买了金子偿还。告假回去的人又回来了, 并把
金子归还原主。那丢金子的人很惭愧。滥, 应按《艺文类聚》作"盗"。

⑫ 前王: 先王。作典: 制定典章制度。

⑬ 明慎：明德慎罚。《尚书·康诰》："王若曰：'……克明德慎罚。'"议狱：处理案件。

⑭ "朱公论璧"三句：朱公，陶朱公，即范蠡。他以玉璧色泽相同，而厚重者价高为喻，说明为政处事，宽厚为上。事见《新序·杂事》。

游道①虽广，交义为长。得在可久，失在轻绝。久由相敬，绝由相狎②。爱之勿劳，当扶其正性；忠而勿诲，必藏其枉情③。辅以艺业，会以文辞，使亲不可亵，疏不可间④，每存大德，无挟小怨。率此往也，足以相终。

酒酌之设，可乐而不可嗜，嗜而非病者希⑤，病而遂嗜者几。既嗜既病，将蔑其正。若存其正性，纾其妄发，其唯善戒乎。声乐之会，可简而不可违，违而不背者鲜矣，背而非弊者反矣。既弊既背，将受其毁。必能通其碍⑥而节其流，意可为和中矣。

| 今译 |

交游之道虽然广泛，交游之义在于长久。可以长久才有收获，轻易断绝则一无所得。能长久是由于相互敬重，断绝情谊则多由轻薄相狎。友爱而又勉策于

勤劳，以扶持其正直的品性；忠诚而不教诲使趋于正，必会掩藏其不正的私情。以学业来辅助，用文辞来交流，那样就会亲近而不轻慢，疏阔而无隔阂，总是记住好的方面，不把小怨挂在心上。循此而行，是能够长久的。

摆设酒宴，可以从中取乐但不可嗜酒成性，嗜酒而不犯毛病的人极少，有了毛病就会产生过失。既有过失又有毛病，就会损害人自然的正性，假若要保存人自然的正性，消除随意发泄的欲望，恐怕只有善于戒酒的人吧。欣赏音乐的聚会，礼节可以简化但不可过度，过度而不走向反面是很少有的事，走向反面而又没有弊害是不正常的，既有弊害又走向反面，人就一定会遭到毁伤。我们一定要面对困难打通障碍，对我们流荡的欲望嗜好加以节制，那么心意便可保持平和中正了。

| 简注 |

/

① 游道：交游之道。

② 狎（xiá）：轻慢。

③ "爱之勿劳"四句：劳，勤劳。正性，正直的品性。勿诲，不去教诲。枉情，隐情、邪念。语出《论语·宪问》："子曰：'爱之，能无劳乎？忠焉，能勿诲乎？'"

④ "辅以艺业"四句：艺业，技艺学业。文辞，文章辞令。亵（xiè），轻慢，不恭敬。间，隔阂。《礼记·表记》："无理不相见也，欲民之勿相亵也。"

⑤ 希：稀少。

⑥ 通其碍：针对困难，贯通阻碍。

善施者岂唯发自人心，乃出天则①。与不待积②，取无谋实③。并散千金，诚不可能。赡人之急④，虽乏必先。使施如王丹⑤，受如杜林⑥，亦可与言交矣。

浮华怪饰，灭质之具；奇服丽食，弃素之方。动人劝慕，倾人顾盼，可以远识夺⑦，难用近欲从⑧。若睹其淫怪，知生之无心，为见奇丽，能致诸非务，则不抑自贵，不禁自止。

夫数相⑨者，必有之征，既闻之术人⑩，又验之吾身，理可得而论也。人者兆气二德，禀体五常⑪。二德有奇偶，五常有胜杀⑫，及其为人，宁无叶沴⑬。亦犹生有好丑，死有夭寿，人皆知其悬天⑭；至于丁年乖遇，中身迁合者，岂可易地哉！是以君子道命愈难，识道愈坚。

---

今译

善于布施的人岂是仅仅发自自己的内心，其实也是出于天意。施舍不必等到积蓄足够丰厚，取用的时候也不须谋划。一散就是千金，这的确是不可能的事，但救济别人的急难，即使自己不多也一定要优先去做。假使布施的人像王丹，接受的人像杜林，也就可以结为知交了。

浮浅的华丽、怪异的装饰，是毁灭质朴的东西；奇异的衣服、奢侈的饮食，是抛弃朴素的方式。对于那些令人动心、使人注目的东西，可以用远见卓识克制自己，而不可用一时的欲望去顺从。假若看到了淫怪之事，便知道那并不是自己的本心所追求的，看到了奇丽的事，能够把它放在次要的位置上，若能这样，不用自我压抑，便可自然超脱其上；也用不着禁绝，便可自己停止下来。

术数卜相观人吉凶之事，确实有它的征兆，我既从术士那儿听到过，也在我身上验证过，其中道理是可以论说的。人萌生于阴阳二气，禀承了金、木、水、火、土五常之性。二气有奇偶，五常则相生相克，等到长大成人，怎么会没有和洽和灾难两种情况呢？也就像人生下来有好与丑之分，寿命有长与短之别，人们都知道这都是由天所决定的；至于时运或顺或逆，命运或曲折或投合，岂是可变易的啊！所以君子命运越是艰难，认识坚守道义就越坚定。

| 简注 |

/

① 天则：天意。

② 与不待积：施舍不必等待积蓄丰厚。

③ 取无谋实：取用的时候无须谋划。

④ 赒人之急：救济别人的危难。

⑤ 王丹：字仲回，汉哀帝、平帝时京兆下邽人。事见《后汉书·王丹传》："家累千金，隐居养志，好施周急。每岁农时，辄载酒肴于田间，候勤者而劳之。其惰懒者，耻不致丹，皆兼功自厉。邑聚相率，以致殷富。"

⑥ 杜林：字茂山，东汉初扶风茂陵人，《后汉书·杜林传》："群僚知林以名德用，甚尊惮之。京师士大夫咸推其博洽。"李贤注引《东观汉记》曰："林与

马援同乡里，素相亲厚。援从南方还，时林马适死，援令子持马一匹遗林，曰：'朋友有车马之馈，可且以备乏。'林受之。居数月，林遣子奉书曰：'将军内施九族，外有宾客，望恩者多。林父子两人食列卿禄，常有盈，今送钱五万。'援受之，谓子曰：'人当以此为法，是杜伯山所以胜我也。'"

⑦ 远识：远见卓识。夺：克制。

⑧ 近欲：一时的欲望。从：顺从。

⑨ 数相：以术数面相推断吉凶祸福。

⑩ 术人：以占卜为业之人。

⑪ "人者"两句：人起始于二气，禀受自五常。二德，指阴阳二气。五常，即五行：金、木、水、火、土。

⑫ "二德"两句：奇偶，阴奇阳偶。胜杀：五行相生相克。

⑬ 叶沴 (xié lì)：和洽与灾难。

⑭ 悬天：系于天，由天所决定。

---

古人耻以身为溪壑①者，屏欲之谓也。欲者，性之烦浊，气之蒿蒸，故其为害，则熏心智，耗真情，伤人和，犯天性。虽生必有之，而生之德，犹火含烟而烟妨火，桂怀蠹而蠹残桂，然则火胜则烟灭，蠹壮则桂折。故性明者欲简，嗜繁者气惛②，去明即惛，难以生矣。是以中外群圣，建言所黜，儒道众智，发论是除。然有之者不患误深③，故药之者恒苦术浅④，所以毁道多而于义寡。顿尽诚难⑤，每指可易⑥，能易每指，亦明之末。

廉嗜之性不同，故畏慕之情或异，从事于人者，无一人我之心，不以己之所善谋人，为有明矣。不以人之所务失我，能有守矣。己所谓然，而彼定不然，弈棋之蔽；悦彼之可，而忘我不可，学罃之蔽⑦。将求去蔽者，念通怍介⑧而已。

| 今译 |

古代的人认为自身的欲望像溪谷沟壑一样难以填平是可耻的事，这讲的是要屏去贪欲之心。欲望是本性中烦杂污浊的部分，也是元气中蒸化熏习的部分，所以欲望的为害，容易熏蚀人的心智，损耗人的真情，伤害人的和气，损坏人的天性。虽然欲望生下来就有，然而它和美德相混，就像火含着烟，火就会熄灭，蠹虫壮大，桂树就会折毁。所以天性清明的人欲望简单，嗜好繁多的人神气昏浊，去清明而就昏浊，生命就难以维持下去了。所以中外的许多圣人，都有除欲的古训，儒道的众位智者，都有去欲的言论。然而沉迷欲望的人不担心受嗜欲之害太深，治疗的人却经常苦于屏欲的方法浅陋，所以毁伤道义的人多而遵循道义的人少。突然除尽欲望确实是一件很难的事情，但每次指出嗜欲的错误便能改正，能够改正便又可进一步指出，这也算是明白人了。

廉洁和嗜侈的本性不相同，所以敬畏和爱慕的情感也有所差别，和别人共事的人，没有一种把别人和自己相互对立比较的心态，不用自己所擅长的去责备别人，这也算得上是明智了。不因他人的追求而失去自己的目标，这也算得上是能有所守持了。自己认为对的，那别人一定认为不对，这是下棋的弊病；为别人的成功感到高兴，却忘了自己的失误，这是东施效颦的弊病。我们应该力求除去这些弊病，求通达、知羞愧、重节操，如此而已。

## 简注

① 溪壑：比喻像溪谷沟壑一样难以填平的欲望。

② 嗜繁：嗜好繁多，欲壑难平。惛（hūn）：同"昏"，昏浊。

③ 误深：深受其害。

④ 药：治疗。术浅：疗术浅陋。

⑤ 顿尽：突然除尽。

⑥ 指：指出。易：改变，改正。

⑦ 学颦：即效颦。东施效颦，事见《庄子·天运》。

⑧ 念通：追求通达。怍（zuò）：羞愧。介：节操。

> 流言谤议，有道所不免，况在阙薄①，难用算防②。接应之方，言必出己。或信不素积③，嫌间所袭，或性不和物④，尤怨所聚。有一于此，何处逃毁。苟能反悔在我，而无责于人，必有达鉴，昭其情远，识迹其事。日省吾躬⑤，月料吾志，宽默以居，洁静以期，神道必在，何恤人言。

谚曰："富则盛，贫则病矣。"贫之病也，不唯形色粗
麤⑥，或亦神心沮废；岂但交友疏弃，必有家人诮让⑦。
非廉深识远者，何能不移其植⑧。故欲蠲⑨忧患，莫若
怀古。怀古之志，当自同古人，见通则忧浅，意远则怨
浮，昔有琴歌于编蓬⑩之中者，用此道也。

## | 今译 |

遭受无根之言诽谤之语，是有道君子也难以免除的事，更何况德行浅薄的
人，更是难于加以防备了。待人接物的常规，话是一定要自己说的。有的人平素
没有积累诚信，被别人猜疑离间；有的人性格孤高不和，怨恨便会聚集一身。有
其中一样，又能够到哪里去逃避诋毁呢？假若能够反躬自悔，而不责求于别人，
那就一定会有透彻的识鉴，明白事情的缘由，认识事情的踪迹。每天反省自己的
作为，每月反思自己的志向，宽大静默地生活，清静安宁地期待，神明之道就随
时存在，哪里用得着计较别人的言语呢？

谚语说："富贵就兴盛，贫困就病倒。"贫困者的病，不仅会让形象颜色粗糙
变黑，有时也使神态心情沮丧不已；岂止所交往的朋友疏远抛弃，也一定会被家
人挖苦指责。若非廉洁而又识见卓远的人，又怎么能不移易心志呢？所以想要除
去忧苦与祸患，最好的办法是思怀古代的人和事。怀古要达到的作用，应当是让
自己同古人一样，见解通达，则忧虑浅，意向远大，则怨恨薄。从前有在蓬屋之

中弹琴唱歌自得其乐的人，用的就是这种办法。

## 简注

① 阙薄：欠缺、浅薄，指道德修养差的人。

② 算防：提防，在事前加以防备。

③ 信不素积：平素没有积累诚信。

④ 和物：与外物相和，随俗。

⑤ 日省（xǐng）吾躬：每日省察自己的行为。《论语·学而》："曾子曰：'吾日三省吾身，为人谋而不忠乎？与朋友交而不信乎？传不习乎？'"躬，自身。

⑥ 黡（yǎn）：黑。

⑦ 诮（qiào）让：挖苦指责。

⑧ 植：植立，指心志。

⑨ 蠲（juān）：通"捐"，除去。

⑩ 编蓬：指简陋的房屋。古时简陋之屋，编蓬以为户门。

　　夫信不逆彰①，义必幽隐。交赖相尽②，明有相照。一面见旨，则情固丘岳；一言中志，则意入渊泉③。以此事上，水火可蹈，以此托友，金石可弊④。岂待充其荣实⑤，乃将议报，厚之筐篚⑥，然后图终⑦。如或与立，茂思无忽⑧。

禄利者受之易，易则人之所荣；蚕穑者就之艰，艰则物之所鄙。艰易既有勤倦之情，荣鄙又间向背之意，此二涂所为反也。以劳定国，以功施人，则役徒属而擅丰丽⑨；自埋于民⑩，自事其生，则督妻子而趋耕织。必使陵侮不作，悬企⑪不萌，所谓贤鄙处宜，华野同泰。

## | 今译 |

信用不显扬，道义必定晦暗不明。互相信赖，畅所欲言，彼此照应，赤诚相待。一次见面而意见相合，感情就稳固如同山岳；一句话而志趣相投，情意就深厚如同渊泉。凭这种信义来事上，可以赴汤蹈火，凭这种信义交托朋友，则金石可镂，哪里要等待富足之后，才考虑报答；积累足够，才考虑做事？如果你得以立事，要好自勉励不要疏忽。

俸禄与财利得到容易，容易，人就夸耀它；养蚕种地做来艰难，艰难，人就鄙薄它。难和易既然有勤苦和倦怠两种感受，光荣和鄙薄又有向背之意，这两条道路也就截然相反了。用劳苦来安定国家，用功绩来施予人们，役使下属而自擅丰足华美；自己埋头于民众中，自己养活自己，安排妻子儿女并让他们耕种纺织。一定要让欺凌与侮辱不会产生，过高的企求不会萌发，这就是所说的贤者和鄙士各得其宜，贵人和平民共享安宁。

/

① 逆彰：显扬。

② 交赖相尽：互相信赖，畅所欲言。

③ "一面"句：哪怕一次见面而意见相合，感情就稳固如同山岳；一句话而志趣相投，情意就深厚如同渊泉。

④ 金石可弊：同"金石可镂"。《荀子·劝学》："锲而不舍，金石可镂。"

⑤ 荣实：指富足。荣，草木的花。实，果实。

⑥ 簠 (fěi) 筐：盛物品的竹器，圆者为簠，方者为筐。

⑦ 图：思虑，谋划。

⑧ 茂思：勉思。茂，通"懋"，勉励。忽：疏忽。

⑨ 擅：据有。

⑩ 埋：埋头于。一说为"理"。

⑪ 悬企：过高的企求。

人以有惜为质①，非假严刑；有恒为德②，不慕厚贵。有惜者，以理③葬；有恒者，与物终④。世有位去则情尽，斯无惜矣。又有务谢则心移，斯不恒矣。又非徒若此而已，或见人休事⑤，则勤蕲结纳，及闻否论，则处彰离贰，附会以从风，隐窃以成衅⑥。朝吐面誉，暮行背毁，昔同稽款⑦，今犹叛戾，斯为甚矣。又非唯若此而已，或凭人惠训，借人成立，与人余论，依人扬声，曲存禀仰，甘赴尘轨。衰没畏远，忌闻影迹，又蒙蔽其善，毁之无度，心短彼能，私树己拙，自崇恒辈，罔顾高识，有人至此，实蠹大伦⑧。每思防避，无通闾伍。睹惊异之事，或涉流传；遭卒迫之变⑨，反思安顺。若异从己发，将尸谤人⑩，迫而又近，愈使失度。能夷异如裴楷⑪，处逼如裴遐⑫，可称深士乎。

## ┃ 今译 ┃

/

人应该以讲求珍惜为禀性，不用借助于严酷的刑法；有恒心即是德行，不必贪慕富厚与显贵。讲求珍惜的人，按照情理安排葬事；有恒心的人，和事物相始终。世上有的人不在其位，情意便丧失了，这是不讲珍惜的人。又有一种职务变易，心也改换的人，这是没有恒心的人。又不仅仅如此而已，有的人看到别人有好事，就殷勤恳求结交，等到听到不好的议论，就停止颂扬，转身离去，像风一样把本无关联的事情联系在一起，窃窃私语，罗织罪名。早上当面讲赞誉的话，晚上便背地里毁谤别人，从前和别人相处融洽，如今却完全背叛，这也太过分了。又不仅仅只是这样，有的人靠别人的教导，依赖别人而成立，拿别人的话高谈阔论，依附别人传扬名声，委曲地表达恭敬，甘心情愿做低下的事情。一旦对方衰没，就害怕地远离，忌讳听到看到他的消息踪迹，并且还掩盖他从前的好处，无休止地对他进行诋毁。心里看不上别人的能力，其实树立的是自己的愚拙，在平庸之辈中自我推崇，一点也不顾及高明之论。有人这样为人处世，实在是人伦中之大害。要常常想加以防止回避，不要和他们为伍结邻。看到惊奇怪异的事情，要想或许出于流俗的传播；遇到突然的变化，要思考安然平顺。假若流言蜚语从自己发生，拿没有的事情去诽谤别人，逼迫而又抵触，将更加失去分寸。能够像裴楷一样坦然对待变异，像裴遐一样处理紧迫之事，便可以称得上识见深远了。

## | 简注 |

/

① 有惜：珍惜，自珍。质：禀性。

② 有恒为德：有恒心即是德行。

③ 理：情理。

④ 与物终：与事物相始终。

⑤ 休：好。

⑥ 隐窃：窃窃私语。成衅：罗织罪名。

⑦ 稽款：相合，融洽。

⑧ 蠹（dù）：祸害。大伦：人际关系的大原则。

⑨ 卒（cù）迫：卒，通"猝"。卒迫，急迫。

⑩ 将：用。

⑪ 裴楷：字叔则，晋闻喜（今属山西）人。曾任抚军、吏部郎、散骑侍郎、

侍中等职。其子娶杨骏女为妻。惠帝时，杨骏专权，裴楷不阿附。后杨骏被杀，裴楷被封为临海侯。

⑫ 裴遐：裴楷之侄。曾在平东将军周馥处坐，与人下围棋。周馥的司马行酒，裴遐没有马上将酒喝下。司马很生气，把裴遐拽到了地上。裴遐有涵养，站起来又坐到原处，颜色不变。

> 喜怒者有性所不能无，常起于褊量，而止于弘识。然喜过则不重，怒过则不威，能以恬漠为体，宽愉为器，则为美矣。大喜荡心，微抑则定；甚怒烦性，小忍即歇。故动无怨容①，举无失度，则物将自悬，人将自止。
>
> 习之所变亦大矣，岂唯蒸性染身②，乃将移智易虑③。故曰："与善人居，如入芝兰之室④，久而不知其芬。"与之化矣。"与不善人居，如入鲍鱼之肆⑤，久而不知其臭。"与之变矣。是以古人慎所与处⑥。唯夫金真玉粹者，乃能尽而不污尔。故曰："丹可灭而不能使无赤，石可毁而不可使无坚。"苟无丹石之性，必慎浸染之由。能以怀道为念，必存从理之心。道可怀而理可从，则不议贫，议所乐耳。或云："贫何由乐？"此未求道意。道者，瞻富贵同贫贱⑦，理固得而齐⑧。自我丧之，未为通议，苟议不丧，夫何不乐？

喜怒是人皆有，常常是因为识量褊狭而产生，但往往止于广识博通。但是高兴得太过分就不庄重，发怒得太过分就不威严，能够以宁静淡泊为禀性，宽和愉快为气度，那就很好了。大喜乱人心气，稍微抑制就安定了；大怒扰乱心性，稍加忍受便能停止。所以如果能做到行动不失常态，做事不失分寸，人的行为举止都将自我端正、自我规范。

习俗对人的改变也太大了，岂止是身体性情改易变换而已，还会改变人的智慧与思虑。所以说："和好的人住一起，像进入了幽香的兰草之室，久了也就不知道兰草的香味了。"那是与他同化了。"和不好的人生活在一起，像进入了咸鱼摊之中一样，久了也就不知道臭味了。"也是跟着变化了。所以古人与人相交十分谨慎。只有那些真正的金子与纯粹的玉石，才能完全不被污损，所以说："丹砂可以灭去却不能让它没有红色，石头可以毁掉却不能让它不再坚硬。"假若没有丹砂与石头那样的质性，一定要注意不被侵害和沾染。能够以求道为信念，必定能存有顺理的心，道可求而理可顺，那就可以不讨论贫困而关注于快乐。有的人说："贫困又何从快乐？"这是不懂得什么才是道。道这东西，视富贵和贫贱都一样，在道的角度来看都是一样的公平。若我丧失了道，也就没有了通常的行为准则，假若没有丧失，还有什么不快乐的呢？

| 简注 |

/

① 愆 (qiān) 容：失去常态。

② 蒸性染身：污染心性和身体。

③ 移智易虑：移易智慧和思虑。

④ 芝兰：或作"芷兰"，芝和兰都是香草名。

⑤ 鲍鱼：咸鱼。

⑥ 慎所与处：与人相交十分谨慎。

⑦ 瞻：看，视。

⑧ 齐：公平。

或曰，温饱之贵，所以荣生①，饥寒在躬，空曰从道，取诸其身，将非笃论，此又通理所用。凡养生之具，岂间定实，或以膏腴夭性②，有以菽藿登年③。中散④云，所足在内，不由于外。是以称体而食，贫岁愈嗛；量腹而炊，丰家余餐。非粒实息耗⑤，意有盈虚⑥尔。况心得优劣，身获仁富，明白入素，气志如神，虽十旬九饭⑦，不能令饥，业席三属⑧，不能为寒。岂不信然！

且以己为度者，无以自通彼量。浑四游而斡五纬⑨，天道弘也。振河海而载山川，地道厚也。一情纪而合流贯⑩，人灵茂也。昔之通乎此数者，不为剖判之行，必广其风度，无挟私殊⑪，博其交道⑫，靡怀曲异。故望尘⑬请友，则义士轻身，一遇拜亲⑭，则仁人投分⑮。此伦序通允，礼俗平一，上获其用，下得其和。

　　有人说，温饱之所以可贵，在于可以养育生命，饥寒在身，空喊着依从正道，从人自身来讲，并非实实在在之论，这又是通达事理的人才能做的。凡是养生的方法，哪有什么准确的把握，有的因为肥美的食物而短命，有的因为粗劣的饭食而长寿。和中散说，人的满足在于内心，而不是在于外物。所以根据身体情况去吃饭，贫穷时候更感不足；根据食量来做饭，富裕人家饭食有余，并不是粮食有多余或减少，而是心里有满足与不满足之意而已。况且心灵平视优劣，以仁义为富贵，素朴明白，神清气朗，即使一百天只用几次饭食，也不会感到饥饿；只有三片席子连在一起充当床榻，也不会感到寒冷，这些不都是实实在在的事情吗？

　　用自己作为衡量标准的人，没有办法度量别人。包容四极，运转五星，这是天道的弘大。振动江河，负载山川，这是地道的浑厚。协调情理，合会流贯，这是人灵的旺盛。从前通晓这个道理的人，不会妄自分判、斤斤计较，一定会扩大他的风度，而不挟带着个人的特殊好恶，广泛地去结交朋友，而不怀有偏执的心思。所以望见车尘即行叩拜，这般恭敬，则义士敢于舍身；初次见面便去拜会朋友的父母，这般亲密，则仁人意气相投。如此，人伦秩序能够通达公允，礼仪习俗能够平衡一致，在上者获得效用，在下者彼此和睦。

① 荣生：养育生命。

② 膏腴：肥美的食物。夭性：短命。

③ 有：同"或"，有的人。菽藿（huò）：豆和豆叶，泛指粗劣的饭食。登年：长寿。

④ 中散：三国魏时文学家和康曾任中散大夫，世称"和中散"。

⑤ 粒实：粮食。

⑥ 盈虚：多少。

⑦ 十旬九饭：一百天才吃几次饭。指贫穷断炊。

⑧ 三属（zhǔ）：三片席子连在一起。指极为贫寒。属，连缀，接连。

⑨ 四游：即四极，是日、月周行四方所达到的最远点。斡（wò）：旋转。五纬：金、木、水、火、土五星。

⑩ "一情纪"句：大意是，人能协调感情与事理，合会流变与贯通。

⑪ 私殊：个人的特殊好恶。

⑫ 交道：交友之道。

⑬ 望尘：望见车尘即行叩拜。表示敬仰。

⑭ 一遇：初次见面。拜亲：拜见朋友的父母。表示亲密。

⑮ 投分：意气相投。

世务虽移，前休未远，人之适主，吾将反本。夫人之生，暂有心识，幼壮骤过，衰耗鹜及①。其间夭郁②，既难胜言，假获存遂，又云无几。柔丽之身，亟委土木，刚清之才，遽为丘壤，回遑顾慕，虽数纪之中尔。以此持荣，曾不可留，以此服道③，亦何能平。进退我生，游观所达，得贵为人，将在含理。含理之贵，惟神与交，幸有心灵，义无自恶，偶信天德，逝不上惭。欲使人沉来化，志符往哲④，勿谓是赊⑤，日凿斯密。著通此意，吾将忘老，如曰不然，其谁与归。值怀所撰，略布众条；若备举情见，顾未书一。赡身之经⑥，别在《田家节政》⑦；奉终⑧之纪，自著《燕居毕义》。

（《宋书》卷七十三）

## 今译

世道虽然变化，前人好的言行并不遥远，一般人都在迎合主上，我则将返归根本。人的一生，有心志见识的时间不长，幼年壮年匆匆而过，衰弱损耗突然来临，这中间遭受的挫折，难以尽言，即使一生顺利，又认为时间太短。柔软美丽的身体，急急地送入土木之中，刚直清正的人才，即刻变成了山丘土壤，回望过去的安逸快慕，不过几十年罢了。凭着这些去保存荣耀，怎么可以保留呢？靠着这些去潜心修道，又怎么能修成呢？我一生进退，游观所及，认识到为人的宝贵之处，在于符合事理。事理的可贵，在于和神明相交。我庆幸自己有心灵上的追求，秉义行事，偶尔也遵行天德，到死时也就无所惭愧。想要感化他人，心志又符合前贤，就不要说遥远难达，每天坚持去做，慢慢也就近了。想通写下这些，我就会忘记自己已经年老，如果说不是这样，那我又将追随谁呢? 偶然按照己意写下这些东西，简略地列了几条，如果要详细列举出我的情感与见识，恐怕这里还没写出十分之一。养生的办法，另在《田家节政》说明; 奉终的准则，在我自著的《燕居毕义》。

## | 简注 |

/

① 骛 (wù) 及: 很快到来。

② 夭郁: 挫折。

③ 服道: 潜心修道。

④ 志符往哲: 志向与前贤相同。

⑤ 赊 (shē): 遥远。

⑥ 赡身之经: 养生的办法。

⑦ 《田家节政》: 与下文《燕居毕义》都是颜延之所写的家训著作。

⑧ 奉终: 养老送终。

## | 实践要点 |

/

颜延之 (384 年—456 年)，字延年，南北朝时期宋朝人，琅琊临沂 (今山东临沂）人。少年孤贫，性好读书。入仕之后，常犯权贵而不得志。少帝时，出为始安太守，文帝时，官至金紫光禄大夫。精诗工赋，为"元嘉三大家"之一，与谢灵运齐名，世称"颜谢"。其诗风华丽精美，好藻绘，喜用事。名作有《五君咏》等，今有明人所辑《颜光禄集》存世。

年逾五十的颜延之饱经个人的宦海沉浮与家庭的迭出变故之后，反思过往言行，从自己切身经历出发，用自己处身立世的人生经验和感悟施教子孙，作此遗训总结人生经验教训向后辈申戒，希望子孙能以此为戒，在复杂的环境中保持正统儒者的风范。《庭诰》内容广博而繁杂，总体上围绕和继承先秦两汉时期所倡导的儒家理想人格和传统道德，有修身立人、养德涵性、为事敬业、持家自敛、谦谨处世、勤学好读等方面。在勤学好读方面，颜延之秉持儒家"善学"的学习精神，主张治学要"博其交道，靡怀曲异"，广泛学习他人的长处，不怀偏执之心，善于听取不同意见。还主张治学要"练之庶士，校之群言，通才所归，前流所与"，常与人切磋，与先贤交流，接受大师指点，并点出读书关键在于"博""要"二字。在谦谨处世方面，颜延之提出了为人处事的三种境界："言高一世，处之逾默；器重一时，体之滋冲""知柄在虚求，不可校得……论问宣茂而不以居身"与"言不出于户牖，自以为道义久立，才未信于仆妾，而曰我有以过人，于是感苟锐之志，驰倾躁之望"，指出为人处世最高境界是德才兼备而恭俭自守，并通过前人正反例子展开论述。《庭诰》还涉及饮酒、交友、面对流言非议等内容，颜延之告诫子孙，"酒酌之设"和"声乐之会"可有，但要有节度，不能"以身为溪壑"。交友要注意选择，谨遇慎交：饱学正派，英杰楷模，乡贤村魂，自立自强之人，"交了不弃"；游手好闲，言而无信，乖戾奸滑，涉嫌赌毒之徒，"弃了不交"。颜延之将自己的人生感悟以平实朴素的语言向子孙后辈娓娓道来，字里行间流露出对子弟的殷切希望，期盼后世子弟能够修德立身，处世谨慎，用儒家传统的道德观念和行为准则要求自己，明哲保身，善于处世。

文中，颜延之谈及对孝悌的理解："欲求子孝必先慈，将责弟悌务为友。"他认为孝悌之道的实现非以家中长辈的身份对子弟提出道德要求，而是重视父兄的表率作用，父兄要先以身作则，以慈父友兄的姿态主动去关爱子女、友睦弟兄，这样，子弟才能更加孝父敬兄，以至"恩意相生、情理相出"，家家和睦。举世皆称《颜氏家训》为"家训之祖"，但开其端者，当为颜延之的《庭诰》。颜之推是颜延之的五世族孙，其代表作《颜氏家训》与颜延之的《庭诰》一脉相承，《颜氏家训》秉承琅琊颜氏家学，在《庭诰》的基础上衍生补充，内容上，借鉴了许多《庭诰》对立身、治家、择友、处事、为学等的经验总结，并对其内涵不断延伸；思想与形式上，在肯定《庭诰》的基础上加以发展。

# 源贺 遗令敕诸子

吾顷①以老患辞事，不悟天慈降恩，爵逮于汝。汝其毋傲吝，毋荒怠，毋奢越，毋嫉妒。疑思②问，言思审③，行思恭，服思度。遏恶扬善，亲贤远佞。目观必真，耳属必正。忠勤以事君，清约以临己。吾终之后，所葬，时服单椟④，足申孝心，蒭灵明器⑤，一无用也。

（《北史》卷二十八）

我很快就会因为年老多病辞去官职，想不到仁慈的皇帝降恩，让你们能够继承爵位。你们不要骄傲吝啬，不要荒废懒惰，不要奢侈越制，不要嫉妒他人。有疑惑就问，说话要周密，行为要恭敬，穿着要合宜。遏制恶行，发扬善行，亲近有德之人，疏远谄媚的人。眼睛看东西一定要真，耳朵听声音一定要正。忠诚勤谨事奉君主，清廉俭约对待自己。我死之后，安葬时，穿平日的衣服，用单层的棺木，就已经足以表达你们的孝心，随葬的蒭灵和冥器，一样也不要用。

## | 简注 |

① 顷: 顷刻, 很快。

② 思: 应当, 要。

③ 审: 详细, 周密。

④ 时服: 穿平时的衣服。椟 (dú): 棺。

⑤ 蒭 (chú) 灵: 古代送葬用的茅草扎的人马。蒭, 同 "刍", "刍" 即 "刍" 的异体字。明器, 即冥器, 一作盟器。专为随葬而制作的器物, 一般用陶或木、石制成。

## | 实践要点 |

源贺 (407 年—479 年), 北魏时人, 原姓王, 名破羌。太武帝拓跋焘赐姓源, 赐名贺。曾任平西将军、散骑常侍、殿中尚书、冀州刺史、陇西王、太尉等官职, 死后赠侍中、太尉、陇西王印绶。

这是源贺临死前对儿子们说的一番话。作为封建社会中的高官, 源贺没有以富贵骄人, 也没有放纵子弟, 而是对他们提出严格要求。他针对自家孩子的实际情况, 告诫他们 "毋傲奢, 毋荒怠, 毋奢越, 毋嫉妒", 这对所有家境富裕的子弟来说, 都是应该引为教诫的。而 "疑思问、言思审、行思恭、服思度" 等要求, 则对所有人家的子弟来说, 都应该这样去做。源贺还对自己的葬礼提出节葬的要求, 不事铺张, 一切从简, 可谓廉洁的典范。

# 杨椿  诫子孙

　　我家入魏之始，即为上客，给田宅，赐奴婢、马牛羊，遂成富室。自尔至今二十年，二千石、方伯不绝①，禄恤甚多。至于亲姻知故，吉凶之际，必厚加赠襚②；来往宾僚，必以酒肉饮食。是故亲姻朋友无憾焉。国家初，丈夫好服彩色。吾虽不记上谷翁时事③，然记清河翁时服饰④，恒见翁著布衣韦带⑤，常约敕诸父曰："汝等后世，脱若富贵于今日者，慎勿积金一斤、彩帛百匹已上，用为富也。"又不听治生求利，又不听与势家作婚姻。至吾兄弟，不能遵奉。今汝等服乘，以渐华好，吾是以知恭俭之德，渐不如上世也。又吾兄弟，若在家，必同盘而食，若有近行不至，必待其还，亦有过中不食，忍饥相待。吾兄弟八人，今存者有三，是故不忍别食也。又愿毕吾兄弟世，不异居、异财，汝等眼见，非为虚假。如闻汝等兄弟，时有别斋独食者，此又不如吾等一世也。吾今日不为贫贱，然居住舍宅，不作壮丽华饰者，正虑汝等后世不贤，不能保守之，方为势家所夺。

我们杨家自入北魏以来，就做了朝廷的上宾，朝廷不仅赐给田地、住宅，而且还赏赐仆人和马、牛、羊等，于是我们便成了富贵人家。从你出生到现在二十年，杨家的人任二千石的郡守、刺史等官的连绵不断，享受到的俸禄和各种优恤很多。至于亲戚朋友，不管他们是有喜事还是有不幸之事，我家都一定要厚加馈赠，给予钱财和衣物；对待来往宾客，也一定要用酒肉款待。所以亲戚朋友对我家都没有什么不满意的。北魏建国初期，男子都爱好穿丝绸彩服。我虽然已不记得我的曾祖父在世时的事情，可是还记得我的祖父在世时的服饰，常见他穿着粗布衣服，腰间系着没有装饰的皮带，并常约束告诫我的父辈们说："你们后辈人，如果比我今天还富有，千万不要积累黄金一斤、彩绸百匹以上，在吃穿用度上炫耀财富。"他既不允许父辈经营产业借以盈利，也不允许他们与有钱有势的人联姻结亲。而到了我们兄弟这一辈，却没有按照祖父的遗训去做。如今你们这一辈人的衣服车马，越来越豪华，因此，我深知奉行祖传的节俭美德，已渐渐不如上代了。另外，我们兄弟之间，若都在家，必同桌共餐，若有人出行近地，大家都一定要等他回来，有时过了中午还没有吃饭，大家也仍然忍着饥饿等待。我们兄弟共有八人，而今活着的只有三个了，所以更加不忍心各吃各的了。我们兄弟都希望直到大家去世，都不分家居住，也不分财产。这些都是你们亲眼看见的，并不是假言虚话。今后，如果听到你们兄弟有分开吃饭的，这就又不如我们这一辈了。我们家族今日并不算是贫贱人家，然而房舍住宅却不作华丽的装饰，正是考虑到你们后世可能成为不肖子孙，不能保住这份产业，将会被有势力的人夺走啊。

# 简注

① 二千石：汉代称郎将、郡守和知府为二千石，月俸禄百二十斛。方伯：一方诸侯之长。《礼记·王制》："千里之外设方伯。"后称地方长官为方伯。东汉以来，多称刺史为方伯。

② 赠襚：馈赠钱财和衣物。

③ 上谷翁：指杨椿的曾祖杨珍，杨珍曾在北魏时任过上谷太守，故称。翁，对老年男子的尊称，《方言》六："凡尊老，周、晋、秦、陇谓之公，或谓之翁。"

④ 清河翁：指杨椿的祖父杨真。杨真曾任河内（郡名，治所在今河南怀州）、清河（郡名，治所在清阳，今河北清河东南）二郡太守，故称。

⑤ 韦带：古时贫贱之人所系的无饰皮带。

北都时，朝法严急①。太和初②，吾兄弟三人并居内职③，兄在高祖左右④，吾与津在文明太后左右⑤。于时口敕责诸内官，十日仰密得一事⑥，不列便大瞋嫌。诸人多有依敕密列者，亦有太后、高祖中间传言构间者⑦。吾兄弟自相诫曰："今忝二圣近臣，母子间甚难，宜深慎之。又列人事，亦何容易！纵被瞋责，慎勿轻言。"十余年中，不尝言一人罪过，当时大被嫌责，答曰："臣等非不闻人言，正恐不审，仰误圣听，是以不敢言。"于后终以不言蒙赏。及二圣间言语，终不敢辄尔传通。太和二十一年，吾从济州来朝，在清徽堂豫谳⑧。高祖谓诸王、诸贵曰："北京之日，太后严明，吾每得杖，左右因此有是非言语。和朕母子者惟杨椿兄弟。"遂举赐四兄及我酒。汝等脱若万一蒙时主知遇，宜深慎言语，不可轻论人恶也。

## 今译

西晋末年，朝廷法律严苛。太和初年，我们兄弟三人都在朝廷内供职，我兄长在高祖左右，我与弟杨津在文明太后左右。当时太后下诏责成各位内官，每十天必须密奏一事，若没有上奏，（太后）就非常恼怒憎恶。诸官员中多有依照太后诏令秘密上奏的，也有在太后和高祖间传播闲言制造隔阂的。我们兄弟三人相互告诫说："现在我们愧居太后和高祖身边而为侍臣，祖母孙子之间很难相处，应该特别谨慎。上奏人事，又谈何容易！即便被怒目斥责，也千万不要随便说话。"十余年中，不曾说一个人的罪过，当时被狠狠地斥责，我们回答说："臣等不是没有听到人们说起关于朝廷的言论，只是担忧不够审慎明察，奏上有误的奏章，所以不敢说话。"此后最终因为我们不言人过而得到奖赏。涉及太后、高祖之间的言辞，则始终不敢随便地传播谈论。太和二十一年，我从济州刺史任上来朝拜高祖皇帝，在清徽堂参加宴会，高祖对诸王侯贵戚说："在北都时，太后严厉明察，我每每受到杖责，左右大臣因此有是是非非的言谈。能促成我们祖母嫡孙关系和睦的，只有杨椿兄弟了。"于是高祖举杯赐酒给四兄和我。你们如果得到当朝君主重用，应该在言语上特别谨慎，不可轻率地谈论他人的过失啊。

## ｜ 简注 ｜

① 北都：西晋末鲜卑拓跋猗卢筑盛乐城以为北都，故址在今内蒙古和林格尔西南土城子。北都时，即指西晋末。

② 太和：北魏孝文帝元宏年号（477 年—499 年）。

③ 兄弟三人：指杨播、杨椿、杨津。内职：在朝廷内担任的官职。杨播曾于太和初在朝廷内任中散，累迁给事中等职。杨椿曾于太和初在朝廷内任中散，迁内给事，又领兰台行职，改授中部曹。杨津年十一任侍御中散，迁符玺郎中。

④ 高祖：指孝文帝元宏，卒谥曰"孝文皇帝"，庙号曰"高祖"。

⑤ 文明太后：指冯太后，孝文帝元宏嫡祖母，后世尊称为"千古第一后"。

⑥ 十日仰密得一事：十天内命令要密奏一事。

⑦ 亦有太后、高祖中间传言构间者：也有在太后、高祖之间传播言语制造隔阂的人。

⑧ 豫讌（yàn）：参加宴会。豫，通"与"。讌，同"宴"。

吾自惟文武才艺、门望姻援不胜他人，一旦位登侍中、尚书，四历九卿，十为刺史，光禄大夫、仪同、开府、司徒、太保，津今复为司空者，正由忠贞，小心谨慎，口不尝论人过，无贵无贱，待之以礼，以是故至此耳。闻汝等学时俗人，乃有坐而待客者，有驱驰势门者，有轻论人恶者，及见贵胜则敬重之，见贫贱则慢易之，此人行之大失，立身之大病也。汝家仕皇魏以来，高祖以下乃有七郡太守、三十二州刺史，内外显职，时流少比。汝等若能存礼节，不为奢淫骄慢，假不胜人<sup>①</sup>，足免尤诮，足成名家。吾今年始七十五，自惟气力，尚堪朝觐天子，所以孜孜求退者，正欲使汝等知天下满足之义，为一门法耳<sup>②</sup>，非是苟求千载之名也。汝等能记吾言，百年之后，终无恨矣。

（《魏书》卷五十八、《北史》卷四十一）

| 今译 |

我自思在文武才能、门庭声望和亲戚援助方面，都比不上别人，可是很快就能够任侍中、尚书，四次为九卿，十次为刺史，并被授光禄大夫、仪同、开府、司徒、太保等职，津弟今又任职司空，正是由于忠贞不贰，小心谨慎，不曾议论

别人是非，无论贵贱之人，都一概以礼相待，因此到了今日的地位。听说你们学当世俗人，竟有坐着待客之事，有奔走于权势之门的举动，有随便议论他人过错的行为，甚至见到富贵之人就非常敬重，见到贫贱之人就傲慢轻侮，这是人格品行的最大丧失，立身处世的最大弊病。我们杨家自从在北魏做官以来，从我的高祖以下，竟有七郡太守、三十二州刺史，朝廷内外都任重要职务，时下之人很少有能相比的。你们兄弟若能保持礼节，不奢侈堕落，不骄傲轻慢，宽容行事而不与人争强好胜，那就能避免受到别人的怨恨讥诮，也足以成为有名望的人了。我今年已七十五岁，自思仍有精力，还能够朝见天子，我之所以不懈地多次请求退休，正是想让你们懂得知足之意，树立一种家法罢了，而不是苟求千百年的美名。你们若能记住我的话，我也就死而无憾了。

## | 简注 |

/

① 假不胜人：宽容而不与人争强好胜。

② 门法：犹家法。《晋书·吴隐之传》："延之弟及子为郡县者，常以廉慎为门法。"

## | 实践要点 |

/

杨椿（455年—531年），字延寿，本字仲考，孝文帝赐改延寿，弘农华阴（今陕西华阴县）人。初拜中散，典御厩曹，后迁内给事，领兰台行职。历济州刺史，因讨武都氏有功，还兼太仆卿。一生南北征战，屡建战功，先后平定秦州、泾州等乱，进号车骑大将军仪同三司。永安初，进位太保、侍中，不久告老致仕。后为尔朱天光所害，享年七十七岁。太昌初，赠太师、丞相、冀州刺史。《魏书》《北史》均有传。

永安二年（529 年）八月，杨椿致仕归乡著写《诫子孙书》，先回顾自入北魏以来杨家的历史和家风，包括厚待亲朋，处世谦恭，自奉俭约；不经营求利，不与势家联姻，兄弟不分家、不别食，不营华屋豪宅等。又总结自己与兄弟三人身为皇帝、太后身边近臣，在宫廷供职十余年的经验：谨言慎行，忠贞不贰，不轻论人非，宁肯被瞋责，也不轻传闲言。以此告诫子孙为臣忠贞，小心谨慎，但思己过，不论人非，对人无论贵贱都要待之以礼，并懂得谦退与知足，不可苟求千载之名。

杨椿在诫文中总结道，自己才能门第不及他人，之所以能屡任高官，正是为人臣时做到"忠贞，小心谨慎，口不尝论人过，无贵无贱，待之以礼"。他认为，人格品行的最大丧失、立身处世的最大弊病就是以贫富贵贱之分待人，随便议论他人过错。为人臣要做到保持礼节，不奢侈堕落，不骄傲轻慢，宽容行事而不与人争强好胜。杨椿一家谨言慎行，遵守纲纪，作风谨严，如履薄冰，忠谨慎口，从不论人之过。杨椿希望子孙能够遵循先辈的教导，拥有善始善终的人生，以保持家族的延续。

# 徐勉　诫子崧书

　　吾家本清廉，故常居贫素。至于产业之事，所未尝言，非直不经营而已。薄躬遭逢①，遂至今日，尊官厚禄，可谓备之。每念叨窃若斯，岂由才致，仰借先门风范，及以福庆，故臻此耳。古人所谓"以清白遗子孙，不亦厚乎"，又云"遗子黄金满籯，不如一经"。详求此言，信非徒语。吾虽不敏，实有本志，庶得遵奉斯义，不敢坠失。所以显贵以来，将三十载，门人故旧，承荐便宜，或使创辟田园，或劝兴立邸店，又欲舳舻运致，亦令货殖聚敛。若此众事，皆距而不纳。非谓拔葵去织②，且欲省息纷纭。

　　中年聊于东田开营小园者，非存播艺以要利，政欲穿池种树，少寄情赏。又以郊际闲旷，终可为宅，倘获悬车致事③，实欲歌哭④于斯。慧日、十住等⑤，既应营昏⑥，又须住止。吾清明门宅，无相容处，所以尔者，亦复有以。前割西边施宣武寺，既失西厢，不复方幅，意亦谓此逆旅舍尔，何事须华。常恨时人谓是我宅。古往今来，豪富继踵，高门甲第，连闼洞房，宛其死矣，定是谁室？但不能不为培塿之山，聚石移果，杂以花卉，以娱休沐⑦，用托性灵。随便架立，不存广大，唯功德处⑧，小以为好，所以内中逼促，无复房宇。近修东边儿孙二宅，乃借十住南还之资，其中所须，犹为不少。既牵挽不至，又不可中途而辍，郊间之园，遂不办保，货与韦黯，乃获百金，成就两宅，已消其半。寻园价所得，何以至此？由吾经始历年，粗已成立，桃李茂密，桐竹成阴，塍陌交通，渠畎相属。华楼迥榭，颇有临眺之美；孤峰丛薄，不无纠纷之兴。渎中并饶苻荐，湖里殊富茭莲。虽云人外，城阙密迩，韦生欲之，亦雅有情趣。追述此事，非有吝心，盖是事意所至尔。忆谢灵运《山家诗》云："中为天地物，今成鄙夫有。"吾此园有之二十载，今为天地物，物之与我，相校几何哉！此直所余，今以分汝营小田舍，亲累既多，理亦须此。且释氏之教，以财物谓之外命。外典⑨亦称"何以聚人曰财"。况汝常情，安得忘此。闻汝所买湖熟田地甚为舄卤，弥复可安。所以如此，非物竞故也，虽事异寝丘⑩，聊可仿佛。孔子曰："居家理事，可移于官。"⑪既已营之，宜使成立，进退两亡，更贻耻笑。若有所收获，汝可自分赡内外大小，宜令得所，非吾所知，又复应沾之诸女尔。汝既居长，故有此及。

　　我家本来就清白廉洁，因此常过着清贫简朴的生活。至于财产家业之事，我从不曾提起，不仅是不经营而已。我适逢运会，才有了今天，高官厚禄，可说是全都有了。我每每想到这些，难道是由于自己的才能而得到的吗？实在是仰借了祖先的风范，加上上天的福庆，才能达到这种地步。古人所谓"把清白留给子孙，这样的遗产不也很厚重吗"，古人又说"留给子孙一笼子黄金，不如传给他们一部经书"。详细推求这些话，确实不是空话。我虽然不聪敏，但的确也有这种志向，希望能够遵循古人的这个道理，不敢丧失。所以自从自己显贵以来，将近三十年，承蒙我的一些门生故旧推荐好处，有的让我开辟田园，有的劝我开办客栈，有的想要我用船只运送货物以营利，也有的想让我货殖经商来敛财。像这样一些事，我都拒绝而不采纳。我这样做，不是古人所谓的拔葵去织，为官不与民争利，只是想减少和平息一些纷争扰乱而已。

　　我中年时在东田营建小园，并不是为了种植以求利，只是想挖池种树，稍微寄托自己的心意爱好。又因为郊外空旷阔大，到底是可以建造住宅的，倘若被获准辞官居家，确实想在这里随性地度过晚年。而且慧日、十住等，既然要办婚事，便需要住下来。我家门第清明正直，住房不多，之所以这样做，也有一定的原因。以前划割西边给了宣武寺，已经失去了西厢房，不再方正，我的意思也认为这不过是人生在世旅居的客舍罢了，何必定要华丽呢？我也常常怨悔时人说这是我的住宅。古往今来，豪富接连不断，到处都是贵显的宅第、门楼上的阁子、深幽的内室，可是等他们死去，又会成为谁的宫室呢？我堆砌小山，聚集石头，移来果木，杂有花卉，只是为了居家自娱，寄托性情。随便架立，不追求广大，只是作为诵经念佛的地方，以小为好，所以内中狭窄，没有多余的房子。近来修建东边儿孙两所住宅，借用十住准备返回南方的路费，但其中所需，仍然不少。财用虽不足，又不能中途停止，于是郊外的园子，也就保不住了，卖与韦黯，乃得百金，建成两所住宅，已经花去一半。为何一个郊外的小园，能卖出百金？因为经过我数年经营，已经粗具规模，桃李茂密，桐竹成荫，田间小路纵横交错，渠道小沟紧密相连。华丽的楼房，高远的敞屋，颇有登高远眺之美；孤高的山峰，茂密的草木，颇有纠缠错落之趣味。沟渠中长满了荷芰，湖面上铺满了菱莲。这里虽是郊外，但离城很近，韦生愿意买下，也说明他颇有情趣。追述这件事，不是有吝惜之心，只是信笔所至罢了。回忆谢灵运《山家诗》说："中为天地物，今成鄙夫有。"我拥有这园已经二十年了，今天重回天地之间，天地与我两相比较，小园自当归于天地。剩下的银两，分给你去经营田舍，你是长子，家庭负担大，按道理应当如此。况且按照佛教，钱财乃身外之物，外典也说"用什么聚集人来做事？财物"。何况根据你所处的境况，又怎能忘掉这个呢？听说你在姑熟买的田地含有过多的盐碱成分，不适宜耕种，我的心情更加不安。我之所以要接济你，不是要你和他人竞争，这种做法虽然比不上孙叔敖告诫其子的"寝丘之志"，但也大略近似。孔子说："居家能把事情处理得井井有条，那么就可以把这种做法移到为官上。"你既然已经买了这块田，就把它管理好。若进退两失，只不过是让别人耻笑罢了。如果有所收获，你可以自己分配供给家内家外大小亲人，应让他们各得其所，这我就不管了，同时又应当分润各个女儿。你既在子女中居长，因此我才有这些话。

## | 简注 |

／

① 薄躬：谦辞，指自身。遭逢：遇到。

② 拔葵去织：《汉书·董仲舒传》："故公仪子相鲁，之其家见织帛，怒而出其妻，食于舍而茹葵，愠而拔其葵，曰：'吾已食禄，又夺园夫红女利乎！'"后以拔葵去织喻指为官者不与民争利。

③ 悬车：谓辞官居家。致事：同"致仕"。旧谓交还官职，即辞官。

④ 歌哭：放歌和痛哭，比喻辞官归家之后自由随性地度晚年生活。

⑤ 慧日：佛教语，谓佛之智慧有如太阳普照人间。十住：佛教语，也叫十地，指参悟佛理而修行进入渐近于佛的十种境界（欢喜地、离垢地等）。钱大昕《廿二史考异》猜测慧日、十住为徐勉两子的小字。

⑥ 营昏：办婚事。昏，同"婚"。

⑦ 休沐：休息沐浴，此指辞官居家的生活。

⑧ 功德：佛教用语，指诵经念佛等。

⑨ 外典：佛教徒称佛书以外的典籍为外典。

⑩ 寝丘：春秋楚邑名，在今河南固始、沈丘两县之间。相传孙叔敖临终时告诫其子，令其向楚王请受贫瘠的寝丘，而不求肥美之地，以保长久不失。

⑪ 移：推及。语本《孝经》引孔子言："居家理，故治可移于官。"《孔丛子·公孙龙》记平原君也有"居家理，治可移于官"之语。

　　凡为人长，殊复不易。当使中外谐缉，人无间言，先物后己，然后可贵。老生云："后其身而身先。"若能尔者，更招巨利。汝当自勖，见贤思齐，不宜忽略以弃日也。弃日乃是弃身，身名美恶，岂不大哉，可不慎欤！今之所敕，略言此意。政谓为家以来，不事资产，暨立墅舍，似乖旧业，陈其始末，无愧怀抱。

　　兼吾年时朽暮，心力稍单，牵课奉公，略不克举，其中余暇，裁可自休。或复冬日之阳，夏日之阴，良辰美景，文案间隟，负杖蹑履，逍遥陋馆，临池观鱼，披林听鸟。浊酒一杯，弹琴一曲，求数刻之暂乐，庶居常以待终，不宜复劳家间细务。汝交关①既定，此书又行，凡所资须，付给如别。自兹以后，吾不复言及田事，汝亦勿复与吾言之。假使尧水汤旱，岂如之何？若其满庾盈箱，尔之幸遇，如斯之事，并无俟令吾知也。《记》云："夫孝者，善继人之志，善述人之事。"②今且望汝全吾此志，则无所恨矣。

　　　　　　　　　　　　　　　　（《南史》卷六十）

| 今译 |

　　凡是当兄长的，都非常不容易。应当使家中内外和睦，别人没有闲话，先人后己，这样才会被人称许。老子说："如果一个人能把别人的利益放在前面，别人也会把他的利益放在前面。"如果你能做到这一点，更会招来大的利益。你应当勉励自己，见到贤人，就向他看齐，不应当忽略了这一点，白白地荒废时日。荒废时日就是荒废自身，一个人的声名美恶，难道不是大事吗？难道可以不慎重对待吗？我今天所告诫你的，大概就是这个意思。我治家以来，不从事资产积累，却又建造起房屋田舍，好像和原来的事业相违背，但陈述这件事的始末，还是感到无愧于心。

　　加上我年纪衰老，心力逐渐耗尽，官府考课奉行公事，都感到有些不能胜任，这其中稍有空闲，才可以自己休息。在冬季的晴朗日子或者夏天的阴凉日子里，趁着良辰美景，利用处理公文案卷的间隙时间，拄着拐杖，踏着鞋子，在简陋狭小的馆舍里逍遥自得，站在池塘旁边，观看鱼儿自由自在地游泳，拨开茂密的林木，听着鸟儿无忧无虑地歌唱。浊酒一杯，弹琴一曲，求得数刻的短暂欢乐，希望时常过着这样的日子来度过晚年，不再操劳家中琐细的事务。你动身的日子已经定下，这封信又已发出，凡所需要的行资，不如在分别的时候交付给你。从这以后，我不再谈到田事，你也不要再和我提起。即使遇到尧时大水或汤时大旱，我又不是大禹和商汤，又能怎么办呢？如果你今年的收获能够满胜盈箱，这是你的幸运，像这样的事情，也就不需要让我知道了。《礼记》上说："孝者，善于继承先人的志向，善于顺行先人的事业。"我今天希望你能成全我的愿望，那我也就没有什么遗憾了。

| 简注 |

/

① 交关：交通，来往。

② 述：顺行。语出《礼记·中庸》。

| 实践要点 |

/

　　徐勉（466 年—535 年），南朝梁东海郯（今山东郯城北）人，字修仁，幼孤贫，六岁即能率尔为文。年长好学，宋人徐孝嗣称之为"人中骐骥"。梁武帝即位，拜中书侍郎，进领中书通事舍人，官至左仆射中书令。为武帝掌书记，梁朝朝章仪制，皆参与其议。曾与客夜坐，有客人向他求官，他正色说："今夕止可谈风月，不宜及公事。"徐勉虽官居高位，但家无积蓄，自称："人遗子孙以财，我遗之以清白。子孙才也，则自致辎；如其不才，终为他有。"

　　这封徐勉给长子徐崧的书信，抒发了他清白治家之志。他在信中说："古人所谓'以清白遗子孙，不亦厚乎'，又云'遗子黄金满籝，不如一经'。详求此言，信非徒语。吾虽不敏，实有本志，庶得遵奉斯义，不敢坠失。"他希望儿子自食其力，不要期望自己给他留下丰厚的遗产。

　　信中叙述了徐勉虽显贵三十年而不纳家产的经过，他向长子交代了中年置一小园的原委以及售园造房的过程。他中年时开辟营建了一个具有相当规模的园林，其中"桃李茂密，桐竹成阴"，但他种植这些树木不是为了求利，而是寄托情志。同时，徐勉并不反对为子孙留下一些财产，他在家书中告诉徐崧"近修东边儿孙二宅"，还剩下一点钱财，现在分给你去"营小田舍"。徐勉虽然支持儿子经营产业，但在处理物质财富与精神财富关系问题上，他的志趣偏重于精神财富，希望子孙能继承廉洁清白的家风。在当今，徐勉所言所行仍然有着十分重大的现实意义，这种"人遗子孙以财，我遗之以清白"的高尚人格和教育理念值得我们借鉴。

# 王筠　与诸儿书论家世集

史传称安平崔氏及汝南应氏<sup>①</sup>，并累世有文才，所以范蔚宗云崔氏"世擅雕龙"<sup>②</sup>。然不过父子两三世耳；非有七叶之中，名德重光，爵位相继，人人有集，如吾门世者也。沈少傅约<sup>③</sup>语人云："吾少好百家之言，身为四代之史<sup>④</sup>，自开辟已来，未有爵位蝉联、文才相继，如王氏之盛者也。"汝等仰观堂构<sup>⑤</sup>，思各努力。

（《梁书》卷三十三、《南史》卷二十二）

## ┃ 今译 ┃

史书上说安平崔氏家族和汝南应氏家族，都是历世有文才的，所以范蔚宗说崔氏"世代擅长雕龙"。然而他们的才名都不过是父子两三代人而已；没有像我们家族这样，七代人名德兴盛，爵位相继，人人有文集。少傅沈约对人说："我年轻时喜欢读百家诸子书，身为四朝史官，开天辟地以来，没有哪一个家族能有王氏这样官位蝉联、文才不断的盛况。"你们仰观先祖业绩，要发奋努力啊。

## 简注

① 安平崔氏：汉代著名文人世家，有崔骃、崔瑗、崔寔等。汝南应氏：亦汉代著名文人世家，有应奉、应劭、应玚等。

② 范蔚宗：南朝宋范晔字蔚宗，祖籍顺阳郡，所撰《后汉书》中有《崔骃传》。"世擅雕龙"：世代善写文章。这是范晔《崔骃传赞》中的话，"擅"原作"禅"。

③ 沈少傅约：沈约曾官太子少傅，故称。

④ 身为四代之史：沈约亲自编写过四个朝代的历史，即《晋书》《宋书》《齐纪》《梁武纪》。

⑤ 堂构：高大的建筑。此指前人业绩。

## 实践要点

王筠（482年—550年），字元礼，一字德柔，琅琊临沂（今山东临沂市）人。南朝梁大臣，侍中王僧虔之孙。曾任昭明太子萧统的属官。梁武帝中大通三年出任临海太守。还京后，历任秘书监、太府卿、度支尚书、太子詹事。大宝元年，侯景之乱时，坠井而亡。

王筠在写给儿辈述论家道世系的书信中，以历史上辉煌的安平崔氏家族与汝南应氏家族兴盛不过三代为比，借沈约之言回顾了王氏家族爵位世世继承，文章才华代代相传的兴盛历史，以此勉励后代子孙，仰观先祖业绩，恭敬学习家道门风，谨记前辈遗训，发奋图强，保持和延续家族繁盛。"汝等仰观堂构，思各努力"，流露出王筠对家族爵位世代相继、子孙名望光辉相承的期望。

琅琊王氏素有"华夏首望""中古第一望族"之誉，累世风流，人才辈出。王氏之所以能在魏晋南北朝风云际会的进程中保持家族门第的绵延不衰，与其深厚的文化根基、严格的家教门风有着重要的关系，与家族子孙自觉承袭和恪守孝悌、勤俭、好学等家风密切相关。

# 魏收　枕中篇

　　吾曾览《管子》之书，其言曰："任之重者莫如身，途之畏者莫如口，期之远者莫如年。以重任行畏途，至远期，惟君子为能及矣。"

　　追而味之，喟然长息。若夫岳立为重，有潜戴而不倾[①]；山藏称固，亦趋负而弗停[②]；吕梁独浚[③]，能行歌而匪惕[④]；焦原作险，或跻踵而不惊；九陔方集[⑤]，故眇然而迅举；五纪当定[⑥]，想睿乎而上征[⑦]。苟任重也有度，则任之而愈固；乘危也有术，盖乘之而靡恤。彼期远而能通，果应之而可必。岂神理之独尔，亦人事其如一。

　　呜呼！处天壤之间，劳死生之地，攻之以嗜欲，牵之以名利，粱肉不期而共臻[⑧]，珠玉无足而俱致，于是乎骄奢仍作，危亡旋至。然则上智大贤，唯几唯哲，或出或处，不常其节。其舒也济世成务，其卷也声销迹灭。玉帛子女，椒兰律吕[⑨]，谄谀无所先；称肉度骨，膏唇挑舌[⑩]，怨恶莫之前。勋名共山河同久，志业与金石比坚。斯盖厚栋不桡，游刃砉然。

　　我曾经阅读《管子》，其中有话这么说："负担重莫如身体，经历险莫如口舌，时间长莫如年岁。负重任，行险路，长期坚持，只有君子才能做到。"

　　追想此话并仔细品味它，不禁让我喟然叹息。山岳虽然沉重，鱼鳌却能背负而不倾倒；土石虽然坚固，愚公却能移山而不停止；疏导吕梁洪水，大禹却能唱着歌而不惧怕；焦原陡峭艰险，有人却能走在上面而不胆怯；九重青天方就，就有想飞上天的；四时节律刚定，就有想追根溯源的。若担当大任而有法度，那么就会更加稳固；若行走险地而有计策，那么就不会遭遇祸患。如果你能有远大的目标，又有通达的途径，那就一定可以成功。这哪里是单单出于天意啊？也是由于人的坚持不懈的努力！

　　啊！人处在天地之间，劳作在赖以生存的土地上，嗜欲在心里滋长，名利在身外牵扯，福禄无须苦苦追求就会到来，钱财自然而然地得到供给，这样就产生了骄奢的习气，那么危亡的时刻也就紧跟着来了。但是大智大贤的人，见微知著，深谙哲理，不管是做官还是隐居，都能随时推移，不凝不滞。他舒展开来就能治理天下，成就伟业，他卷藏起来就能销声匿迹，声名不闻。财物美色，奸佞淫声，献媚阿谀不占先；挑肥拣瘦，搬弄是非，怨恨憎恶不近前。功劳名声可以与山河一样长久，志向事业可以与金石一样坚固，这就像厚厚的栋木不会弯曲、高超的屠夫游刃有余一样。

## 简注

①潜戴而不倾：鱼鳖背负着山岳而不倾倒。戴，以首负山，一说以背负山。

②趋负而弗停：愚公以挑担移山而不停止。

③吕梁独浚：指大禹疏导吕梁洪水。吕梁，山名，位于现陕西省西部。浚，疏浚，疏通。

④行歌而匪惕：唱着歌而不惧怕。

⑤九陔（gāi）：天空极高远处。

⑥五纪：岁、月、日、星辰、历数。

⑦窅（yǎo）乎而上征：指追根溯源。窅，眼睛深陷的样子，喻深远。

⑧梁肉：福禄。期：追求。臻：达到。

⑨椒兰：代指贵人所居之所。

⑩膏唇挑舌：张口欲动貌。

逮于厥德不常，丧其金璞，驰骛人世，鼓动流俗。挟汤日而谓寒①，包溪壑而未足。源不清而流浊，表不端而影曲。嗟乎！胶漆讵坚，寒暑甚促，反利而成害，化荣而就辱。欣戚更来，得丧仍续。至有身御魑魅，魂沉狴狱②。讵非足力不强，迷在当局。孰可谓车戒前倾，人师先觉。

闻诸君子，雅道之士，游邀经术，厌饫文史。笔有奇锋，谈有胜理。孝悌之至，神明通矣。审道而行，量路而止。自我及物，先人后己。情无系于荣悴，心靡滞于愠喜。不养望于丘壑，不待价于城市。言行相顾，慎终犹始。有一于斯，郁为羽仪。恪居丧事，知无不为。或左或右，则髦士攸宜③；无悔无吝，故高而不危。异乎勇进忘退，苟得患失，射千金之产，邀万钟之秩，投烈风之门，趣炎火之室，载蹶而坠其贻宴，或蹲乃丧其贞吉，可不畏欤？可不戒欤？

| 今译 |

后来这样的德行没有保持多久，丧失了像金玉一样的品德，在人世间趋炎附势，追求名利，随波逐流。怀抱着滚烫的太阳却还称自己寒冷，囊括了溪谷还不满足。因为水的源头不清澈而导致水流污浊，因为人的仪表不端正而导致影子弯曲。哎！胶漆黏结可以称得上坚固，但是随着严寒暑热的飞快交替，利益变成损害，荣耀化为耻辱。欢乐悲哀更替，得到丧失相续。以至身子被扔给山怪，冤魂被沉入监牢。并非是能力不足，实在是当局者迷的缘故。哪里称得上以前车之倾为戒、以先觉之人为师呢？

听君子说，有道之士，游心经术，饱读文史。下笔有奇锋，谈话有胜理。孝友到极致，与神明相通。审察道途，量度路径，或行或止。从自我而推及他物，先考虑别人而后考虑自己。感情不被荣盛衰败所牵绊，心思不为怨怒欢喜所滞留。退居山林而不沽名钓誉，住在城市而不待价求沽。言行一致，善始善终。有其中的一点，就可以作为表率了。恭敬谨慎地处理丧事，只要自己知道的就不会推卸。左右逢源，俊秀之士能顺性自得；无悔无恨，身居高位而没有危险。完全不同于一些人，他们只会勇猛向前而不知退却，一有所得就担忧失去，追求千金的产业，谋取万钟的官禄，投靠趋附有功名有势力的人家，一旦遇到挫折便失去了留给子孙的安乐生活，或者卑躬屈膝而丧失了坚贞的德操，怎么可以不畏惧? 怎么可以不警戒?

## 简注

① 汤日: 汤谷之日。汤谷: 太阳升起之处。

② 狴 (bì): 兽名。古时立其像于狱门。

③ 髦 (máo) 士攸宜:《仪礼·士冠礼》:"髦士攸宜，宜之于假，永受保之。"髦士，俊秀之士。攸宜，适合，自得。

门有倚祸，事不可不密；墙有伏寇，言不可而失①。宜谛其言，宜端其行。言之不善，行之不正，鬼执强梁，人囚径廷，幽夺其魄，明夭其命。不服非法，不行非道。公鼎为己信，私玉非身宝。过涅为绀，逾蓝作青。持绳视直，置水观平。时然后取，未若无欲；知止知足，庶免于辱。

是以为必察其几，举必慎于微，知几虑微，斯亡则稀，既察且慎，福禄攸归。昔蘧瑗识四十九非②，颜子几三月不违③。跬步无已，至于千里，覆一篑进，及于万仞。故云行远自迩，登高自卑，可大可久，与世推移。月满如规，后夜则亏；槿荣于枝，望暮而萎。夫奚益而非损，孰有损而不害？益不欲多，利不欲大。唯居德者畏其甚，体真者惧其大。道尊则群谤集，任重而众怨会。其达也，则尼父栖遑④；其忠也，而周公狼狈⑤。无曰人之我狭，在我不可而覆；无曰人之我厚，在我不可而岔。如山之大，无不有也；如谷之虚，无不受也。能刚能柔，重可负也；能信能顺⑥，险可走也；能知能愚，期可久也。周庙之人，三缄其口。漏卮在前⑦，敧器留后⑧。俾诸来裔，传之坐右。

（《北史》卷五十六）

| 今译 |

　　家门临近祸患，做事不能不保密；墙外蹲伏敌人，发言不能有错失。应该谨慎自己的言语，应该端正自己的行为。不好的言语，不正的行为，会得到鬼和人的共同处分，暗里摄去魂魄，明里让你夭折。不做非法的事情，不走不

义的道路。为公众谋福利使你得到信任，为自己聚私财不会有利自己。过分的黑就变成黑红色，过度的蓝就变成深青色。要像绳子一样直，要像水面一样平。时机到了再去获取，不如没有私欲；懂得适可而止，知足常乐，就能够免于受辱。

　　所以做事时必须洞察其细微之处，行动时必须谨慎其微小之处，细枝末节都考虑到，这样失败的时候就少了，既会洞察又知慎重，福禄自然就到来了。过去蘧伯玉年五十而知四十九年之非，颜回能三月不违仁。一步一步地不停止往前走，终会到达千里之遥，一筐一筐地搬运下去，终能堆成万仞之山。所以说，走向远大目标是从近处开始的，向高处攀登是从低处开始的，这样就可以广大可以长久，随着时世的变化而变化。满月如圆盘，过后就会变残缺；木槿花早晨盛开，到晚上就枯萎了。哪里有满了以后不亏损，亏损之后不毁坏的呢？不要过多的好处，不求过大的利益。只有那些拥有德行之人害怕得到过多，体味真理之人担心过分膨胀。如果你的道德很高尚，就会诽谤云集，如果你承担的任务很重大，就会怨怒丛生。哪怕仕途通达，也会像孔子一样流离惊恐；哪怕忠诚守一，也会像周公一样遭谗狼狈。无论别人是否攻击我，我也不能报复；无论别人是否宽厚待我，我也不能怪罪。要像山那样广阔，无所不容；要像谷那样谦虚，无所不受。能刚能柔，可以负担重任；能屈能伸，可以通过险境；能聪明能糊涂，可以传承久远。周庙里的金人，封口三重，就是为了警惕言多招致祸患啊。把漏酒器放在面前，要经常学习它的虚怀若谷；把易倾之器放在背后，应时刻提防自己自满招败。把这些话赠给后代，你们要把它当作座右铭。

① 言不可而失：一作"言不可或失"。

② 蘧瑗 (qú yuàn)：人名，字伯玉，生卒年不详，春秋时卫国贤大夫，善于反省过失，年五十而知四十九年之非。

③ 颜子：颜回。《论语·雍也》："子曰：'回也，其心三月不违仁，其余则日月至焉而已矣。'"

④ 尼父栖遑：孔子流离惊恐。《史记·孔子世家》谓孔子离开鲁国之后"斥乎齐，逐乎宋、卫，困于陈、蔡之间"。

⑤ 周公狼狈：成王年幼，由周公摄政，人疑其篡权。

⑥ 能信能顺：能屈能伸。信，通"伸"。顺，顺却，屈从。

⑦ 漏卮 (zhī)：渗漏之酒器，喻无止境。

⑧ 欹 (qī) 器：倾斜易覆之器，虚则欹，中则正，满则覆。古人以为右坐之器，喻自谦。


| 实践要点 |

/

**魏收**（507年—572年），字伯起，小字佛助，巨鹿郡曲阳（今河北晋县）人，北齐文学家、史学家。仕魏除太学博士，历官散骑侍郎等，编修国史。入北齐，除中书令，兼著作郎，官至尚书右仆射。

《枕中篇》是魏收为劝诫侄儿魏仁表写的一篇家训，文章先从管子的"任重""畏途""远期"落墨，再以此为内在意脉，旁征博引，归纳演绎，说明怎样才能成为君子，然后便能"以重任，行畏途，至远期"。由于魏收早年生活比较放荡，晚年已经意识到自己的今是昨非，因此作此家训告诫子侄要谨身立行，忠贞信念，立身扬名。"勋名共山河同久，志业与金石比坚"，惟其如此，"宜谛其言，宜端其行"。世间万物最易引人误入歧途，因此要把握自己，"益不欲多，利不欲大。惟居德者畏其甚，体真者惧其大"。文章实际上是魏收尝尽官场的艰险后，总结自己生活而得出的教训，循循善诱地给晚辈教导最基本的做人道理，也含蓄表明了官场的险恶。

《枕中篇》中魏收提出了教子为人的独特见解，文章开宗明义指出，一个正直的人，不应阿谀奉承，追名逐利，而应该追求"勋名共山河同久，志业与金石比坚"。末尾部分以平和的语气切实嘱咐侄子说话办事要谦虚谨慎、戒骄戒躁，于荣利不可贪得无厌，要有士大夫任劳任怨的博大胸怀，在坚持原则的前提下要灵活机动，但不可锋芒毕露。本篇家训显示了魏收作为史学家的严谨缜密，会通今古、博大精深的才学，处处透露哲理的灵光。

# 魏长贤　复亲故书

　　日者惠书，义高旨远。诲仆以自求诸己，思不出位，国之大事，君与执政所图，又谓仆禄不足以代耕，位不登于执戟①，干非其议②，自贻悔咎③。勤勤恳恳，诚见故人之心。静言再思，无忘瘄寐。

　　仆虽固陋，亦尝奉教于君子矣，以为士之立身，其路不一。故有负鼎俎以趋世，隐渔钓以待时④，操筑傅岩之下⑤，取履圯桥之上者矣⑥；或有释贲车以匡霸业⑦，委挽辂以定王基⑧，由斩袪以见礼⑨，因射钩而受相者矣⑩；或有三黜不移，屈身以直道⑪，九死不悔，甘心于苦节者矣⑫。皆奋于泥滓，自致青云。虽事有万殊，而理终一致，权其大要，归乎忠孝而已矣。夫孝则竭力所生，忠则致身所事，未有孝而遗其亲，忠而后其君者也。仆自射策金马⑬，记言麟阁⑭，寒暑迭运，五稔于兹⑮，不能勒成一书⑯，润色鸿业。善述人事，功既阙如；显亲扬名，邈焉无异⑰。每一念之，曷云其已！

往日赐书信，义旨深远。教诲我说应当反躬自省，思虑不出职分之外，国家大事，自有君主与大臣思考，又认为我俸禄不多，职位不高，非议执政者的决策，自招灾祸。语气诚恳，的确一片真心。我静下来反复思考，窸寐不忘。

我虽然见识鄙陋，但也曾经受教于君子，以为士人立身，路途并不一样。所以有的背着锅和砧板干时求用，有的隐居渭水钓鱼等待时机（姜子牙），有的曾在傅岩之下操杵筑墙（傅说），有的曾在圯桥之上拾过鞋子（张良）；有的离开挽车而匡扶君主成就霸业（宁戚），有的不再拉车而辅佐君主奠定国基（娄敬），有的由于斩断衣袖而被以礼招见（寺人披），有的因为射中衣钩而被任用为国相（管仲）；有的曾被三次罢官，屈身而行正直之道（柳下惠），有的九死不悔，甘心困苦而守志不渝（屈原）。他们都是在卑下耻辱的处境中奋斗，通过自身的努力得到官高爵显。虽然事情千差万别，但道理最终是相同的，探讨其中的要旨，都可以归结为忠孝罢了。孝，就会尽力于父母，忠，就会献身于事业，从没有孝却遗弃双亲、忠而怠慢君主的人。我自从在朝廷上应试，在麒麟阁内任史官之职以来，冬夏更替运转，到现在五年了，而不能够刻成一书，使王业增添光彩。善于记述人世间的各种事情这一功业已经缺失，扬名声显父母，又是那样渺茫难成。每每想起这些，内心的痛苦何时能止？

## | 简注 |

① 位不登于执戟：指官阶不高。执戟，又称执戟郎，秦汉时的宫廷侍卫，因值勤时执戟而名。

② 干（gān）非其议：这里指魏长贤上书讥刺政事、大忤权贵。

③ 自贻悔咎：自己招来灾祸。这里指魏长贤上疏遭贬屯留令。

④ 隐渔钓以待时：指吕尚隐居渭水以待文王。

⑤ 操筑傅岩之下：指傅说（yuè）事。傅说，殷相，生卒年不详。相传他筑于傅岩之野，武丁访得，举以为相，因命以傅为姓。见《尚书·商书·说命》《吕氏春秋·求人》等。

⑥ 取履圯（yí）桥之上：指张良游下邳，桥上遇黄石公授以兵书。圯，桥。

⑦ 释赁车以匡霸业：疑指宁戚饭牛遇齐桓公。

⑧ 委挽辂以定王基：指娄敬过洛阳、脱挽辂而向刘邦献建都长安之策。

⑨ 由斩袪（qū）以见礼：指寺人披斩重耳衣袖。《左传·僖二十四年》载，重耳即位为文公，晋献公旧臣吕甥、郤芮怕受到重耳的迫害，"将焚公宫而弑晋侯。寺人披请见，公使让之，且辞焉"，晋文公接见寺人披，寺人披就把吕、郤二人欲作乱一事报告了文公，使文公免于难。

⑩ 因射钩而受相：指管仲射中齐桓公衣钩而桓公任管仲为相。

⑪ 三黜不移，屈身以直道：指柳下惠三次被罢官。

⑫ 九死不悔，甘心于苦节：指屈原事。屈原信而见疑，忠而被谤，虽被放逐，然"睠顾楚国，系心怀王，不忘欲反，冀幸君之一悟，俗之一改也。其存君

兴国，而欲反覆之，一篇之中，三致志焉"（《史记·屈原列传》）。其代表作《离骚》有"虽九死其犹未悔""虽体解吾犹未变兮"之句。苦节：困苦卓绝，守志不渝。

⑬ 射策金马：指在朝廷上应试。射策，汉代取士有对策、射策之制。射策由主试者出试题，写在简策上，分甲乙科，列置案上，应试者随意取答，主试者按题目难易和所答内容而定优劣。射策者，以甲科入仕。金马，即金马门的省称。汉武帝得大宛马，乃命善相马者以铜铸像，立马于鲁班门外，因称金马门，这里代指在朝廷上。

⑭ 记言麟阁：指在麒麟阁内记录言论。记言，记录言论。《汉书·艺文志·春秋》："古之王者世有史官，君举必书，所以慎言行，昭法式也。左史记言，右史记事，事为《春秋》，言为《尚书》。"麟阁，即麒麟阁的省称，在未央宫内。汉武帝时所建，一说为萧何所造。汉宣帝甘露三年（公元前51年），画十一位功臣图像于麒麟阁，这里代指史官。魏长贤曾为著作佐郎，故云"记言麟阁"。

⑮ 五稔（rěn）：五年。稔，谷一熟为一稔。古代谷物一年一熟，故称年为稔。

⑯ 勒成一书：刻成一书。勒，刻。魏长贤曾拟重写《晋书》，终未成，故云。

⑰ 显亲扬名，邈焉无异：扬名声显父母，是那样渺茫难成。显亲扬名，语出《孝经·开宗明义》。邈焉，渺茫。焉，语气词。无异，与过去相比没有变化，即没有成就。这二句仍就撰《晋书》未成而言，魏长贤之父魏彦当年就想重写《晋书》，未成，长贤继承父志，想如司马迁一样显亲扬名，最终也未能实现。

自顷王室板荡，彝伦攸斁①，大臣持禄而莫谏，小臣畏罪而不言，虚痛朝危，空哀主辱，匪躬之故，徒闻其语，有犯无隐，未见其人。此梅福所以献书②，朱云所以请剑者也③。抑又闻之，婺不恤纬，而忧宗周之亡④；女不怀归，而悲太子之少⑤。况仆之先人，世传儒业，训仆以为子之道，厉仆以事君之节。今仆之委质，有年世矣，安可自同于匹庶，取笑于儿女子哉！是以肠一夕而九回⑥，心终朝而百虑，惧当年之不立，耻没世而无闻，慷慨怀古，自强不息，庶几伯夷之风，以立懦夫之志⑦。

吾子又谓仆干进务入，不畏友朋，居下讪上，欲益反损。仆诚不敏，以贻吾子之羞；默默苟容，又非平生之意。故愿得锄彼草茅，逐兹鸟雀，去一恶，树一善，不违先旨，以没九泉，求仁得仁，其谁敢怨⑧？但言与不言在我，用与不用在时。若国道方屯，时不我与，以忠获罪，以信见疑，贝锦成章⑨，青蝇变色⑩，良田败于邪径⑪，黄金铄于众口，穷达运也，其如命何！吾子忠告之言，敢不敬承嘉惠？然则仆之所怀，未可一二为俗人道也！投笔而已，夫复何言？

（《全北齐文》卷四）

## 今译

　　近来国家动荡不安，人伦常道遭到败坏，大臣为保持禄位而不进谏，小臣因畏惧获罪而不进言，只是虚痛朝廷的危急，空哀君主的耻辱，如果不是牵涉自身利害的问题，那么你只能听到他空口说话，古代所谓犯颜进谏不隐瞒的人，在朝中是看不到的。这正是梅福上书直谏，朱云请求赐剑斩杀奸臣的原因啊。然而我又听说，寡妇不忧虑缺少丝纬，而忧虑国家的灾祸；文姬不想着回到故国，而忧愁太子的年少。况且我的祖先，世代以儒业传家，以为子的道理训导我，以事君的节气磨炼我。现在我忠诚事君，已有一定年岁，怎么可以与庶民自相等同而被儿女所取笑呢？因此一天内痛苦得九次回肠，心中从早到晚不停地思虑忧愁，担心壮年而不能立名，至死而不为人知，慷慨怀古，自强不息，伯夷的高风亮节，大概可以使懦夫有树立道义的志气吧。

　　你们又认为我竭力谋求做官向上爬，不顾忌同僚朋友的指责和规劝，位居下僚而毁谤上司，想要有所增益反而减损。我的确不聪明，因而给你们留下了羞耻；但默默不语，苟合取容，又不符合我平生的志愿。所以希望能够铲除和驱逐那些杂草和鸟雀一般的奸佞小人，除去一恶，树立一善，到死也不违背先人的宗旨，求仁而得仁，又敢怨谁呢？只是言与不言在我，用与不用却在时。目前国家正处艰难，时不我待，由于忠诚而获罪，由于诚信而被疑，像洁白的贝锦被弄成五颜六色，苍蝇的污染使白变黑，良田被邪路所败坏，黄金被众口所销毁，困厄也好显达也好，都是命运啊，对命运又能如何？你们忠告我的话，我怎敢不恭敬地接受呢？然而我的内心真情，不可以向俗人道其一二啊！掷笔罢了，还有什么可说的呢？

① 彝 (yí) 伦攸斁 (dù)：人伦常道败坏。彝伦，人伦常道。斁，败坏。语出《尚书·洪范》。

② 梅福献书：《汉书·梅福传》载：梅福，字子真，九江寿春人。少学于长安，明《尚书》《穀梁传》，为郡文学，补南昌尉。后去官归里，曾屡次上书言宜封孔子后世以奉汤祀。时王凤专执擅朝，群下莫敢直言，梅福上书并讥刺王凤。及王莽专政，福乃弃妻子去九江。

③ 朱云请剑：《汉书·朱云传》载：朱云，字游，鲁人。少任侠，长八尺余，容貌甚壮，以勇力闻。元帝时为槐里令，数为权贵所诬，因此获罪被刑。成帝时复上书，曰："臣愿赐尚方斩马剑断侯臣一人，以厉其余。"上问何人，答曰："安昌侯张禹。"帝怒欲杀之，御史将云去，云攀折殿槛，以辛庆忌救得免。后当治槛，帝命勿易，以旌其直。

④ 嫠 (lí) 不恤纬，而忧宗周之亡：寡妇不忧虑丝纬的缺少，而忧虑国家的灾祸。嫠，寡妇。纬，织物的横丝。宗周，周王朝的宗庙社稷，这里代指国家。

⑤ 女不怀归，而悲太子之少：似用蔡文姬典。《后汉书·列女传》载："兴平中，天下丧乱，文姬为胡骑所获，没于南匈奴左贤王。在胡中十二年，生二子。曹操素与邕善，痛其无嗣，乃遣使者以金璧赎之，而重嫁于祀。"文姬归汉时，二子年幼，其《胡笳十八拍》写出了文姬不忍与幼子别离的凄伤心情。太子，指文姬与南匈奴左贤王所生之子。

⑥ 肠一夕而九回：语出司马迁《报任安书》："是以肠一日而九回，居则忽忽

若有所亡，出则不知其所往。"盖言忧思萦结心肠，一日多次。

⑦"庶几"二句：语出《孟子·万章》下："故闻伯夷之风者，顽夫廉，懦夫有立志。"庶几，或许。伯夷，商孤竹君之子，与弟叔齐耻食周粟，饿死于首阳山，古人把他们当作高尚守节的典型。

⑧ 求仁得仁，其谁敢怨：语出《论语·述而》："求仁而得仁，又何怨？"原指伯夷、叔齐让国远去，后因耻食周粟而饿死首阳山。孔子谓求仁而得仁，无所怨。

⑨ 贝锦成章：洁白的贝锦被弄成五颜六色。贝锦，编成贝形花纹的锦缎。《诗·小雅·巷伯》："萋兮斐兮，成是贝锦。彼谮人者，亦已大甚。"《笺》："喻谗人集己过以成于罪，犹女工之集彩色以成锦文。"后遂以贝锦喻故意编造入人于罪的谗言。章，彩色。

⑩ 青蝇变色：苍蝇的污染使白变黑。比喻进谗言之佞人。

⑪ 良田败于邪径：汉代有"邪径败良田"的民谣，这里用以比喻自己受到奸臣的加害。

| 实践要点 |

魏长贤（518年—591年），巨鹿下曲阳人，迁居相州内黄（今河南省内黄县）。唐代名相魏徵之父，著名史学家魏收的族叔，博涉经史，北齐时为著作佐郎，欲承其父志，改撰《晋书》，后因讥刺时政，出为上党屯留令，其志未遂。武平年间，因病辞职，不复仕。北周武帝宇文征服齐朝，多次征召，他都以患病

辞谢，74 岁卒。贞观七年（公元 634 年），追赠定州刺史。

《北史·魏长贤传》载，河清中，魏长贤因上书讥刺朝政，激怒了朝中权贵，引来灾祸，被出为上党留屯令。故乡亲人有鉴于此，为书相劝，认为长贤"不相时而动"，并给予批评。读了故乡亲人的来信，魏长贤写了这篇情真意切、吐露心思的家书。

家书从引用亲故来书之语写起，"自求诸己"至"自贻悔咎"诸句，当是来信中语，长贤读后，心情难以平静，借答书一泻其抑郁不平之情。接下纵开笔墨，洒洒写来，"士之立身，其路不一"先作一概括，历述多位古人立身的事迹之后，得出"忠孝"的结论；再铺写自己之"忠"——因言获罪。长贤认为，国家处于风雨之中，朝廷之上或尸位素餐，或畏罪不言，置国家生死存亡于不顾，"虚痛朝危，空哀主辱"。如果自己随波逐流，苟合取容，虽然可以保住禄位，但是那样做，"非平生之志"。既不忠，违背了祖上"厉仆以事君之节"的教诲；也不孝，违背了先人"训仆以为子之道"的训导，直是自同于匹夫匹妇，甚至尚不如匹夫匹妇！于忠于孝，于国于家，都不可"默默苟容"，挺身而出，直言进谏，就是势所必然的了。长贤向亲故仔细委婉地叙述了获罪的经过和自己的真情，愤慨之情充溢于字里行间，而无怨无悔之慨亦不难感知。长贤自信是"以忠获罪""以信见疑"，是"求仁得仁"，自辩之中有自得之情，自叙之中又有自傲之意。

对来信所责"干进务入，不畏友朋，居下讪上，欲益反损"的自辩，长贤压抑的情感得到了尽情的宣泄，自"愿得锄彼草茅"至于"未可一二为俗人道也"一节，慷慨激昂而笔势犀利，愤叹之意甚明。

因为是写给"亲故"的信。所以长贤胸中积之甚久的愤叹，一经触动就喷薄而出。长贤不加掩饰地向亲人诉说了自己的获罪经过和内心的愤恨，揭露了当朝权贵的丑恶面目，赞颂了历史上许多德才不凡而遭遇坎坷的人物，同时还引用了不少身处逆境而自强不息的古人事例，自喻自比，表明自己因忠获罪而无怨无悔的意志。

# 王褒　幼训

陶士衡曰："昔大禹不吝尺璧而重寸阴。"文士何不诵书，武士何不马射？若乃玄冬修夜，朱明永日<sup>①</sup>，肃其居处，崇其墙仞，门无粲杂，坐阙号呶<sup>②</sup>。以之求学，则仲尼之门人也；以之为文，则贾生之升堂也<sup>③</sup>。古者盘盂有铭，几杖有诚，进退循焉，俯仰观焉<sup>④</sup>。文王之诗曰："靡不有初，鲜克有终。"<sup>⑤</sup>立身行道，终始若一。"造次必于是"<sup>⑥</sup>，君子之言欤！

儒家则尊卑等差，吉凶降杀<sup>⑦</sup>。君南面而臣北面<sup>⑧</sup>，天地之义也；鼎俎奇而笾豆偶，阴阳之义也<sup>⑨</sup>。道家则堕支体，黜聪明，弃义绝仁，离形去智。释氏之义，见苦断习，证灭循道，明因辨果，偶凡成圣<sup>⑩</sup>，斯虽为教等差，而义归汲引<sup>⑪</sup>。吾始乎幼学，及于知命<sup>⑫</sup>，既崇周、孔之教，兼循老、释之谈，江左以来，斯业不坠，汝能修之，吾之志也。

（《梁书》卷四十一）

　　陶士衡说："过去大禹不看重直径盈尺之玉璧，却爱惜一寸之光阴。"文人怎么能不诵读诗书，武士怎么能不骑马射箭呢？若在那寒冬长夜，盛夏永昼，自己的居室安静整洁，把院墙砌得高高的，家中没有杂七杂八的人来往，自己坐在屋里高声诵读。用这种精神来求学，那便可成为仲尼之门徒了；用这种态度去写文章，那便可成为贾谊的升堂弟子了。古时候盘盂上刻有铭文，几案和手杖上写着警言，进退俯仰之间都看到它，遵循它。《诗经·文王》篇说："做任何事情开头都并不是很难，难就难在能够做到善始善终。"一个人立身行道，要始终如一。"颠沛仓促之间也一定要记住仁义这件事"，这都是君子说的话啊！

　　儒家本来就讲求尊卑高下的等级，吉礼凶礼的差别变化。国君面朝南而臣子面朝北，这是天经地义的准则；祭祀时鼎俎用奇数而笾豆用偶数，这是阴阳相配的道理。道家则不重形体，废弃机巧，摒弃仁义，离弃身体，舍弃智慧。佛家教义，实践苦行，斩断俗念，参悟生死之理，遵循佛祖之道，明辨因果报应，身处俗世却能成为圣人。各教宗旨虽有这样的差别，但最终目的都归结于开导众生。我从幼年入学开始，到知命之年，既崇尚儒家的学说，同时又信奉道家之说和佛家教义，自从晋遭难而过江左以来，儒、道、佛三家的学说都没有消灭，你们能继续修习，这就是我的心愿。

## 简注

① 玄冬修夜，朱明永日：语出《尔雅·释天》"冬为玄英""夏为朱明"。"修""永"皆有长久之意。

② 坐阙（què）号呶（náo）：坐在屋里高声诵读。阙：宫阙，这里指屋子。号呶，喧闹，这里指大声朗诵。

③ 贾生之升堂：汉人贾谊为有名的政治家、文学家。升堂，语见《论语·先进》，喻人学问接近老师，为升堂入室。

④ "古者"四句：铭，刻在器物上记述生平、事业或警戒自己的文字。诫，告诫、警告的文字。指一举一动都要遵守礼仪规范。

⑤ "靡不有初，鲜克有终"：语见《诗经·大雅·文王》。靡，无。鲜，少。指有始无终，不能一以贯之。

⑥ "造次必于是"：语见《论语·里仁》。指颠沛仓促间也不忘仁义。

⑦ 降杀：等级相差。《礼记·中庸》："亲亲之杀，贤贤之等。"儒家主张的等级差别常以礼体现，吉礼凶礼是礼的重要部分，故曰"吉凶降杀"。

⑧ 君南面而臣北面：古代君王面南背北，以示尊贵，臣子拜伏则面向北。

⑨ 鼎俎（zǔ）奇（jī）而笾（biān）豆偶：鼎俎、笾豆皆为古代祭祀、宴乐时的礼器。奇，单数。偶，双数。阴阳之义，《易·系辞传下》："阳卦奇，阴卦偶。"

⑩ "释氏"五句：佛家思想主张断却世间烦恼，四大皆空，契合寂灭之道，偶凡成圣。

⑪ 汲引：引进。

⑫ 知命：代指五十岁，语出《论语·为政》："五十而知天命。"

王褒（513年—576年），字子渊，琅琊临沂（今山东临沂市北）人。北周诗人。王氏为晋至南朝的世家大族，世居高官，代有文人。褒父王规，为梁侍中左民尚书，袭爵南昌县侯。王规"文辩纵横，才学优赡"（《梁书·王规传》），以作《新殿赋》、注《续汉书》见称于时。王褒识量渊通，志怀沉静，美风仪，善谈笑，博览史传，尤工属文。七岁能文，弱冠举秀才。梁武帝萧衍喜其才，以其弟鄱阳王萧恢之女妻之。起家秘书郎，转太子舍人，袭爵南昌县侯，迁秘书丞。侯景乱后，梁元帝称制，转智武将军、南平内史。

王褒以大禹不吝惜玉璧而珍惜短暂的光阴的事例来教育他的子孙要珍惜时间，努力学习，善始善终完成学业。《论语·里仁》说"造次必于是，颠沛必于是"，君子无论何时何地都不会违背仁义之德，事态匆忙紧迫的时候如此，颠沛流离居无定所的时候亦如此。善始者虽众多，功成却须看"克终"。读书学习如此，修身养性亦如此。

魏晋南北朝时期，儒道释三教并行，王褒分析三教教义，认为儒家讲求尊卑高下的等级，吉礼凶礼的差别变化。道家则不重形体，废弃机巧，摒弃仁义，离弃身体，舍弃智慧。佛教则实践苦行，斩断俗念，参悟生死之理，遵循佛祖之道，明辨因果报应，身处俗世却能成为圣人。各教宗旨虽有所差异，但最终目的都是为了开导众生。王褒作此篇以教子，要求家族子弟兼修儒道释之学，同时希望兄弟之间手足相连，立身行道，道德修养的追求要始终如一。

# 李翱  寄从弟正辞书

　　知尔京兆府取解①，不得如其所怀，念勿在意。凡人之穷达所遇，亦各有时尔，何独至于贤丈夫而反无其时哉？此非吾徒之所忧也。其所忧者何？畏吾之道未能到于古之人尔。其心既自以为到，且无谬，则吾何往而不得所乐？何必与夫时俗之人，同得失忧喜，而动于心乎？借如用汝之所知，分为十焉，用其九学圣人之道，而知其心，使有余以与时世进退俯仰。如可求也，则不啻富且贵也，如非吾力也，虽尽用其十，只益劳其心尔，安能有所得乎？汝勿信人号文章为一艺，夫所谓一艺者，乃时世所好之文，或有盛名于近代者是也。其能到古人者，则仁义之辞也，恶得以一艺而名之哉？仲尼、孟子殁千余年矣，吾不及见其人，吾能知其圣且贤者，以吾读其辞而得之者也。后来者不可期，安知其读吾辞也，而不知吾心之所存乎？亦未可诬也。夫性于仁义者，未见其无文也；有文而能到者，吾未见其不力于仁义也。由仁义而后文者性也，由文而后仁义者习也，犹诚明之必相依尔②。贵与富，在乎外者也，吾不能知其有无也，非吾求而能至者也，吾何爱而屑屑于其间哉③？仁义与文章，生乎内者也，吾知其有也，吾能求而充之者也，吾何惧而不为哉？汝虽性过于人，然而未能浩浩于其心，吾故书其所怀以张汝，且以乐言吾道云尔。

（《李文公集》卷六、《全唐文》卷六百三十六）

| 今译 |

/

知道你由京兆府应考进士，如果没有随顺你心中所想，希望不要在意。人的成败际遇，各有时运，难道大丈夫反而会没有属于自己的时运吗？这不是我们应该忧虑的事。我们应该忧虑的是什么呢？应该担心自己的德行没能与古人看齐。如果内心自认为已经达到了，而且的确如此，那么还有什么外在际遇能使我们不开心的呢？为何一定要跟那些时俗之人一起，因为得失而或忧或喜，扰乱自己的内心呢？假如把你的聪明智慧一分为十，不妨用其中的九分学习圣人之道，去感知圣人的用心，用余下的一分来追逐世俗进退。如果富贵可求，那你所得到的绝不仅仅只是富贵；如果不是人力所能为的，即便把十分都投入进去，也不过是越发劳顿心灵，哪里能有什么收获呢？你不要相信别人说写文章也是一种技艺，他们所谓的"艺"，只不过是时俗所追逐喜欢的骈俪文章，只在近世方偶有盛名。

能达到古人境界的，是仁义的言辞，这又岂是技艺能够形容的呢？孔子、孟子已经作古一千多年，我未能见到，但我能够知道他们是圣贤，因为我读了他们的文章。往后的人不可以预料，又怎么知道如果他们读了我的文章，而不懂得我的心志所在呢？这也并非虚言。秉行仁义的人，从没有见过他的辞章缺乏文采；文章做得好的人，也没见过他不致力于行仁义的。由秉行仁义到做好文章，是循着本性的做法；由做好文章到秉行仁义，是由于学习的作用。这就像"诚"和"明"是相互依存、相伴相生的。富有与尊贵，决定于身外的因素，我不知道此生能否拥有，不是我追求就能得到的，我何必热衷于它，急切地在这上面用心呢？仁义和文章，是内在产生的，我知道它是实有的，是我可以通过追求而扩充的东西，那我有什么可担忧顾虑而不去争取的呢？你虽然天性超过一般人，然而胸怀还不够开阔坦荡，所以我写下这些来开拓你的心胸，而且我也乐于言说我所遵行的道理。

| **简注** |

/

① 京兆府：治所在长安、万年（今陕西西安）。取解：指唐宋科举制，选送士子应进士第。

② 诚明：语出《礼记·中庸》："自诚明谓之性，自明诚谓之教，诚则明矣，明则诚矣。"

③ 屑屑：辛劳匆迫的样子。

李翱（772年—841年），字习之，唐陇西狄道（今甘肃省临洮县）人。贞元进士，元和初为国子博士，历任中书舍人，外任郑桂潭襄四州刺史，卒于山南东道节度使任所，谥"文"。曾从韩愈学古文，为文平实流畅，富有感情色彩，是古文运动的发起者之一。

堂弟因没有考上进士，受到很大打击，时常苦闷不堪，郁结于怀，李翱于是写了这封信去宽慰他。李翱是韩门弟子，也是唐代古文的热心倡导者，主张文以载道，所以，在写家信的时候也不忘宣传孔孟之道，把劝解与传道巧妙地结合起来，在劝解宽慰中传道，在传道中劝解宽慰。作为书信，家人可从中得到安慰，郁结之怀得以宽解；作为文章，世人又可以从中了解李翱的论文主张。这种写法，本身又符合李翱对文章的要求，是"仁义之辞"文章观的具体体现。

人世间有些事，的确是可遇而不可求的，"机缘"这东西也非人力所可尽达。只要尽了努力，下过功夫，就问心无愧。至于结果，大可不必汲汲于得失，孜孜于名利。能做到这样，无论处逆境还是顺境，都能够心平气和、乐观充实。

# 元稹　诲侄等书

告仑等：吾谪窜方始，见汝未期，粗以所怀，贻诲于汝。汝等心志未立，冠岁行登，古人讥十九童心①，能不自惧？吾不能远谕他人，汝独不见吾兄之奉家法乎？吾家世俭贫，先人遗训，常恐置产怠子孙，故家无樵苏之地，尔所详也。吾窃见吾兄自二十年来，以下士之禄，持窘绝之家，其间半是乞丐、羁游，以相给足。然而吾生三十二年矣，知衣食之所自，始东都②为御史时。吾常自思，尚不省受吾兄正色之训，而况于鞭笞诘责乎？呜呼！吾所以幸而为兄者，则汝等又幸而为父矣。有父如此，尚不足为汝师乎？

吾尚有血诚，将告于汝：吾幼乏岐嶷③，十岁知文，严毅之训不闻，师友之资尽废。忆得初读书时，感慈旨一言之叹，遂志于学。是时尚在凤翔，每借书于齐仓曹家，徒步执卷，就陆姊夫师授，栖栖勤勤，其始也若此。至年十五，得明经及第④，因捧先人旧书，于西窗下钻仰沉吟，仅于不窥园井矣⑤。如是者十年，然后粗沾一命，粗成一名。及今思之，上不能及乌鸟之报复⑥，下未能减亲戚之饥寒，抱衅终身，偷活今日。故李密⑦云"生愿为人兄，得奉养之日长"，吾每念此言，无不雨涕。

告仑侄等：我被贬官流放才刚刚开始，再见到你们的时间难以预期，所以我粗略地讲述我的心思，留给你们作为教诲。你们的志向还没有确立，却将要成年满二十岁了，你们能不自己警惧吗？我不能远以其他人作比喻，你们难道没见我兄长是如何奉行家法的吗？我们家世代清贫节俭，先辈传下遗训，常常惧怕多置家产会使子孙懒惰，所以家里没有薄田可种，这些你们都是清楚地知道的。我看到我的兄长，二十年以来，以最低的俸禄来维持穷困至极的家庭生活，其中一半要靠奔波在外，向人乞求，来供给家用的不足。然而我已经三十二岁了，懂得衣食的来源，是开始于在东都洛阳任东台监察御史时。我常自思量，我还从未受到兄长严厉的教训，更何况是用鞭笞惩罚，用恶语责问呢？啊！我拥有这样的兄长，真是幸运啊！你们也一样应该感到幸运，因为你们有这样的父亲。这样的父亲，难道还不足以成为你们学习的榜样吗？

我还有肺腑之言要告诉你们：我自幼缺乏聪慧的见识，十岁时才会写文章，父亲严厉刚毅的训导无从听闻，师友的帮助也一概没有。记得刚开始读书的时候，母亲的一句教诲令我感叹，从此就立志于学。那时我还在凤翔，常常向齐仓曹家去借书，徒步拿着书卷，到姐夫陆翰那里拜师求教，那是我辛勤忙碌读书的开始。到了十五岁时，我考中了明经科举，于是就捧着先人的旧书，在西窗下研读深思，几乎足不出户，专心苦学。如是十年，之后才勉强做了一介小官，稍稍有了一点名气。到现在想起这些，上不能像乌鸦反哺一样报答父母的养育之恩，下不能减少亲戚的饥寒之苦，抱憾终身，苟且偷生到了今日。所以李密说："生来希望做人的兄长，受奉养的日子长久。"我每想到这句话，莫不泪如雨下。

## | 简注 |

① 十九童心：语出《左传·襄公三十一年》："于是昭公十九年矣，犹有童心。"

② 东都：指洛阳，又有"东京"或"神都"等别称。

③ 岐嶷（nì）：语出《诗·大雅·生民》："诞实匍匐，克岐克嶷。"大意是，周人的祖先后稷生下来不久就能在地上爬，聪明，有知识。后以"岐嶷"形容幼年聪明过人。

④ 明经：唐代科举制度中的一个科目，与进士科并列，主要考试经义。及第：科举应试中选。因榜上题名有甲乙次第，故名。

⑤ 不窥园井：形容在屋里专心读书，不为外事分心。语出《汉书·董仲舒传》。言董仲舒少治《春秋》，因为潜心学问，三年也不到园圃里去一次。

⑥ 乌鸟之报复：即"乌鸦反哺"，喻指奉养长辈的孝心。

⑦ 李密（224年—287年）：字令伯，西晋人，以学问文章著称于世。曾为蜀汉尚书郎，多次出使东吴，有才辩。蜀汉亡后晋武帝征为太子洗马，李密以祖母老多病为借口不就职。祖母死后曾任汉中太守，因写诗获罪被免。

汝等又见吾自为御史来，效职无避祸之心，临事有致命之志，尚知之乎？吾此意，虽吾弟兄未忍及此。盖以往岁忝职谏官，不忍小见，妄干朝听，谪弃河南，泣血西归，生死无告。不幸余命不殒，重戴冠缨，常誓效死君前，扬名后代，殁有以谢先人于地下耳。呜呼！及其时而不思，既思之而不及，尚何言哉。今汝等父母天地，兄弟成行，不于此时佩服《诗》《书》，以求荣达，其为人耶？其曰人耶？

　　吾又以吾兄所职易涉悔尤，汝等出入游从，亦宜切慎。吾诚不宜言及于此，吾生长京城，朋从不少，然而未尝识倡优之门，不曾于喧哗纵观，汝信之乎？吾终鲜姊妹，陆氏诸生，念之倍汝、小婢子等。既抱吾殁身之恨，未有吾克己之诚，日夜思之，若忘生次。汝因便录吾此书寄之，庶其自发。千万努力，无弃斯须。积付仑、郑等。

　　（《元稹集》、《全唐文》卷六百五十三）

---

| 今译 |

　　你们又看到我自从做了御史以来，效命职守从无全身避祸的念头，遇到危急情况甚至有舍生取义的心志，你们知道这些吗？我的这些想法，即使我们兄弟之

间也不忍心谈及。因为往年我忝列谏官之职时，忍不住个人意见，胡乱干涉朝政，遭贬河南，洒泪西归，生死无人可说。不意我残余的性命尚能保全，重新又担任了官职，常常立誓要效力献身于君王，播扬名声于后代，死后就可以在地下告慰祖先了。唉！那时想不到这一切，现在想到了却又来不及了，还有什么可说的呢？现在你们父母健在，兄弟成行，不在这时候刻苦诵读，铭记《诗》《书》的教诲，以求得荣贵显达，那还算是人吗？那还可以叫人吗？

又因为我的兄长（你们的父亲）所任之职容易招来怨恨，所以我还要告诫你们，与人交往，也应该非常谨慎。我实在不应该言及于此，（但仍不得不说，）我生长在京城，交往的朋友不少，可是我从不知道歌楼伎馆的所在，从不在喧哗的闹市里放纵观览，你们相信这些吗？我少有姐妹，姐夫陆家的各位外甥，我牵挂他们要超过你们和小丫头。他们既抱有和我一样的终身之憾，却又没有我克己的诚心，我每日每夜想到这些，似乎就忘了身在何处。你们趁便抄录这封信寄给他们，希望他们自强奋发。你们千万努力，不废片刻时间。元稹写付仑、郑等。

| 实践要点 |

/

元稹（779 年—831 年），唐代诗人，字微之，河南（今河南洛阳）人。早年家贫，公元 793 年（唐德宗贞元九年）举明经科，公元 803 年（贞元十九年）举书判拔萃科。曾任监察御史，因得罪宦官及守旧官僚，遭到贬斥。后转而依附宦官，官至同中书门下平章事。最后以暴疾卒于武昌军节度使任所。与白居易友善，常相唱和，共同倡导新乐府运动，世称“元白”。诗作平浅明快，色彩浓烈，铺叙曲折，细节刻画真切动人，比兴手法富于情趣，后期之作，伤于浮艳，故有"元轻白俗"之讥。

《诲侄等书》是元稹遭遇贬谪时写给侄儿的教诲。元稹开篇即表明自己贬官后不知归期，随后表明各位侄儿年岁将近二十，希望能够激起他们的紧迫之心，发愤向学。元稹向其侄表明他们世代贫困节俭，希望侄儿们能够明白粒粒皆辛苦的道理，从而奋发向上，出人头地。元稹回忆起自己小时候的事迹，十岁才会写文章，后因母亲的教诲而立志于学，十五岁考上了明经科举，勉强做了一介小官。作为官员，元稹尽职尽责，但却因为没有忍住个人意见胡乱干涉朝政而遭到贬谪，所以希望侄儿能够明白可言与不可言的道理。最后元稹明确地告诫侄儿要刻苦钻研《诗》《书》，以求得荣贵显达，并让他们将此书信抄录寄给他的各位外甥，希望外甥也能得到勉励，从而奋发读书。

光阴似箭，岁月如梭。在《诲侄等书》中，元稹着重说明时间的重要性，也希望他的侄儿能够惜时。这个道理是对任何人都适用的，少壮不努力老大徒伤悲，我们也应该珍惜时间，努力学习，争取将学到的知识回报社会，而不应该虚度光阴。同时，在成长的过程中，也应当注意与人交往的技巧，不该说的话要懂得沉默是金。

# 舒元舆　贻诸弟砥石命

　　昔岁吾行吴江上，得亭长所贻剑，心知其不莽卤，匣藏爱重，未曾亵视。今年秋在秦，无何开发，见惨黳积蚀，仅成死铁。意惭身将利器，而使其不光明之若此，常缄求淬磨之心于胸中。

　　数月后，因过岐山下，得片石，如绿水色，长不满尺，阔厚半之。试以手磨，理甚腻，文甚密。吾意其异石，遂携入城，问于切磋工。工以为可为砥，吾遂取剑发之。初数日，浮埃薄落，未见快意，意工者相诒，复就问之，工曰："此石至细，故不能速利坚铁，但积渐发之，未一月，当见真貌。"归如其言，果睹变化。苍惨剥落，若青蛇退鳞，光劲一水，泳涵星斗。持之切金钱三十枚，皆无声而断。愈始得之利数十百倍。

　　吾因叹以为金刚首五材①，及为工人铸为器，复得首出利物。以刚质铦利，苟暂不砥砺，尚与铁无以异，况质柔铦钝，而又不能砥砺，当化为粪土耳，又安得与死铁伦齿耶？以此益知人之生于代，苟不病盲聋喑哑，则五常之性全；性全，则豺狼燕雀亦云异矣。而或公然忘弃砥名砺行之道，反用狂言放情为事，蒙蒙外埃，积成垢恶，日不觉寤，以至于戕正性，贼天理，生前为造化剩物，殁复与灰土俱委，此岂不为辜负日月之光景耶？

## | 今译 |

前些年我经过吴江时，得到了亭长赠送的一把利剑，心知它不是轻易可以得到的，所以很珍爱，把它藏在匣中，从来不敢随便拿出来看。今年秋天在秦地，打开匣子，只见利剑受铁锈掩盖，腐蚀惨重，差不多成了死铁。真惭愧自己随身带着锋利的剑，却使它黯淡无光成了这般模样，常常默默地在胸中藏着要淬磨它的心愿。

几个月后，因有事路过岐山脚下，捡到一片颜色如绿水般的石头，长不满一尺，厚半尺。试着用手去摩擦，纹理很细密。我感觉这是一块奇异的石头，便把它带到城里，求教于磨刀工。磨刀工认为它可以做成磨石，我便取出剑来磨。最初几天，浮在剑上的锈斑剥落了，但还是不见它变得锋利，心想这大概是磨工在故意哄我吧，又去求教磨工，磨工说："这石头非常细密，因此不能很快地磨利坚铁，但只要渐渐地磨，不到一个月，便一定会见到剑的真面貌。"回到家照着磨工的话去做，果然看到了剑的变化。青黑色的铁锈渐渐剥落，就像青蛇退去鳞片，锐利的光泽如一泓清水，星斗都能映现其中。用这把剑去切三十枚钱币，全部截断而没有一点声音，比起初得到它的时候更锐利数十百倍。

我因此而感叹，钢铁是金、木、水、火、土五材中的第一位，待到被工人铸成利剑，又成了最锐利的器物。钢的质地锋利，如果短时不去磨砺，尚且与铁没什么两样，何况那些质地柔弱、边角钝滞而又不能磨砺的东西，只能化为粪土罢了，又哪里能够与死铁相提并论呢？用这个道理更可以知道人生在世，如果没有瞎聋喑哑的疾病，那么仁、义、礼、智、信这五种品性就都全了；五种品性能够完全，也就同豺狼燕雀这些走兽飞禽不一样了。而有的人忘记、抛弃了砥砺名声与行为的道理，反而以狂妄的言语、放纵的情趣为务，蒙披尘埃，积染恶习，日复一日，从不觉悟，以至于损害正性，残贼天理，生前不过天地大化中一剩物，死后又如灰土般堆积于地，这岂不是辜负了日月时光吗？

## ｜ 简注 ｜

①　金刚：指钢铁。五材：金、木、水、火、土。

> 吾常睹汝辈趋向，尔诚全得天性者，况夙夜承顺严训，皆解甘心服食古圣人道，知其必非雕缺①道义，自埋于偷薄之伦者。然吾自干名在京城，兔魄②已十九晦矣。知尔辈惧旨甘不继，困于薪粟，日丐于他人之门。

吾闻此，益悲此身使尔辈承顺供养至此，亦益忧尔辈为穷窭而斯须忘其节，为苟得眩惑而容易徇于人，为投刺牵役而造次惰其业。日夜忆念，心力全耗，且欲书此为诫，又虑尔辈年未甚长成，不深谕解。

今会鄂骑归去，遂置石于书函中，乃笔用砥之功，以寓往意。欲尔辈定持刚质，昼夜淬砺，使尘埃不得间发而入。为吾守固穷之节，慎临财之苟，积习肆之业，上不贻庭帏忧，次不贻手足病，下不贻心意丑。欲三者不贻，只在尔砥之而已，不关他人。若砥之不已，则向之所谓切金涵星之用，又甚琐屑，安足以谕之！然吾因欲尔辈常置砥于左右，造次颠沛③，必于是思之，亦古人韦弦④铭座之意也。因书为《砥石命》，以勖尔辈，兼刻辞于其侧曰：

剑之锷，砥之而光；人之名，砥之而扬。砥乎砥乎，为吾之师！仲兮季兮，无坠吾命乎！

（《全唐文》卷七百二十七）

---

| 今译 |

我常观察你们的发展方向，你们的确保全了天性，何况又日夜遵行严格的训诲，都能心甘情愿地咀嚼并实践古代圣贤的道理。知道你们绝对不是损害道

义、自甘沦于轻薄之流的人。然而我自从到京城求取名位，月亮已经历十九次圆缺了。我知道你们为美味的食物不能接继而担忧，因缺柴少米而困顿，天天乞讨于他人的门口。我听到这些特别悲伤，你们为尽孝顺供养我的责任，才落到这种地步，我也更加担忧你们会因为贫穷而须臾忘却了做人的气节，为了一些不该得到的东西而迷失本性，为了寻求引见、忙于奔走而轻易怠惰了事业。我日夜惦念，心力耗尽，想要写下这些作为告诫，但又担心你们年龄尚小，不能真正理解。

今天正好遇上有人骑马回鄂城，便把石头放在书匣中，并写下过往磨石的经历，以寄托我的心意。愿你们保持刚强的气质，日夜淬火磨砺，不使尘埃趁隙而入。为我坚守贫困不移的气节，慎重对待钱财而不随便伸手，勤奋积累自己的学业，上不给父母带来忧患，中不给兄弟带来祸害，下不给自己带来羞耻。想要做到这三个"不给"，只在于你们磨砺自己罢了，与他人无关。如果能够不停磨砺，那么刚才所说的切钱币耀星斗，就显得十分渺小细碎，你们又岂止于此呢！然而我想让你们常把磨石放在左右，每当匆忙紧迫、狼狈困窘的时候，一定要对着它好好想一想，这也就如同古人佩韦佩弦、刻铭于座一样。为此我写下这篇《砥石命》，来勉励你们。同时在磨石的侧面刻下铭文：

剑的锋刃啊，磨砺了就会发光；人的名声啊，磨砺了才能显扬。磨砺啊磨砺，我伟大的老师！你们兄弟啊，切莫忘了我的告诫啊！

## ┃ 简注 ┃

/

① 雕缺：凋残，损害。雕，同"凋"。

② 兔魄：月亮的别称。

③ 造次颠沛：语出《论语·里仁》："君子无终食之间违仁，造次必于是，颠沛必于是。"

④ 韦弦：韦柔软，弦紧绷。古人性急则佩韦，性缓则佩弦，以为提醒。

## | 实践要点 |

舒元舆（791年—835年），唐代东阳（今浙江金华）人，元和八年进士，敢言能文，锐于进取，所作文赋优美豪放，颇有气度。

离家一年多的舒元舆给弟弟们寄磨刀石时，写了一封信，对弟弟们谆谆告诫。舒元舆的弟弟们本是秉持祖训、遵守礼法之人，但兄长舒元舆为官后，他们认为前有依靠，便开始松懈懒散、不思进取。舒元舆得知后，便写下了《贻诸弟砥石命》。文中写道："以刚质铦利，苟暂不砥砺，尚与铁无以异，况质柔铦钝，而又不能砥砺，当化为粪土耳，又安得与死铁伦齿耶！"舒元舆认为，即便质地锋利如钢，如果短时不去磨砺，尚且与铁没什么两样，何况那些质地柔弱、边角钝滞而又不能磨砺的东西，只能化为粪土罢了，又哪里能够与死铁相提并论呢？以此告诫诸弟，要他们昼夜淬砺，做到"三不给"。

舒元舆还写道："剑之锷，砥之而光；人之名，砥之而扬。"剑的刀刃，常常磨砺才会保持锋利光亮；人的品德名誉，也是需要砥砺磨炼才会传扬光大。宝剑虽利，若不磨砺，也会锈迹斑斑，黯淡无光，成为死铁，又何况人？舒元舆希望借用磨砺宝剑的道理，勉励弟弟们不要因生活所困而忘记砥砺品行节操。舒元舆的三位弟弟，在哥哥的鼓励下，后来皆第进士，成为一段佳话。

# 柳玭　戒子弟书

　　夫门地高者，可畏不可恃。可畏者，立身行己，一事有坠先训，则罪大于他人。虽生可以苟取名位，死何以见祖先于地下？不可恃者，门高则自骄，族盛则人之所嫉。实艺懿行，人未必信，纤瑕微累，十手争指矣。所以承世胄者，修己不得不恳，为学不得不坚。夫人生世，以无能望他人用，以无善望他人爱，用爱无状，则曰"我不遇时，时不急贤"。亦由<sup>①</sup>农夫卤莽而种，而怨天泽之不润，虽欲弗馁，其可得乎！

　　予幼闻先训，讲论家法。立身以孝悌为基，以恭默为本，以畏怯<sup>②</sup>为务，以勤俭为法，以交结为末事，以气义为凶人。肥家以忍顺，保交以简敬。百行备，疑身之未周；三缄密，虑言之或失。广记如不及，求名如傥来。去吝与骄，庶几减过。莅官则洁己省事，而后可以言守法，守法而后可以言养人。直不近祸，廉不沽名。廪禄虽微，不可易黎甿<sup>③</sup>之膏血；榎楚<sup>④</sup>虽用，不可恣褊狭之胸襟。忧与福不偕，洁与富不并。比见门家子孙，其

子孙，其先正直当官，耿介特立，不畏强御；及其衰也，唯好犯上，更无他能。如其先逊顺处己，和柔保身，以远悔尤；及其衰也，但有暗劣，莫知所宗。此际几微，非贤不达。

大凡门第高贵的家庭，只可畏惧，而不能把它作为依靠。可畏惧的是，这样的家庭修养自身，行为有度，若在一件小事上有违先辈的教训，所犯的罪就会比其他人更大。虽然活着的时候可以勉强取得名誉地位，死后又怎么能够在地下见自己的祖宗呢？不能作为依靠的是，门第高贵容易自骄自傲，家族昌盛就会被众人嫉妒。就算你有真才实学和美好品德，人们也未必相信，你若有细小的毛病和轻微的过失，人们就会竞相指责。因此，世家大族的子弟们，修身不得不诚恳真挚，治学不得不坚持不懈。人生在世，自己没有出色的才能而希望被他人任用，没有美好的品德而希望被他人喜爱，倘若不被他人任用，不为他人喜爱，就说"我没遇上好时机，时代并不以任用贤才为当务之急"。这就像那些草率耕作（而收成不好）的农民，反而怨恨苍天雨露不给予滋润一样，虽然想不挨饿，又怎么可能呢？

我小时候就聆听过祖父讲论家训、家法。立身要以孝顺父母、敬爱兄长为基础，以恭敬宁静为根本，以小心谨慎为要务，以勤劳节俭为准则，以与人交结为末事，以讲私人义气为恶人。以忍让和顺来使家庭富足，以诚实恭敬来保持朋友交情。即便具备各种品德，也担心有不周到的地方；即便发言慎重得当，也担心有不严密的时候。博闻强记，却仍自认不足；求取功名，视为意外之事。注意克服贪鄙吝啬和骄奢淫逸的习气，这样差不多就可以减少过失了。在官位上要注意清廉简政，而后才可以谈守法，守法之后才可以谈培养人才。为人正直，却不接近祸事；为人廉洁，却不沽名钓誉。薪俸虽少，却不可轻看这些百姓的膏血；刑具虽用，却不可纵恣自己狭隘的心胸。忧苦与福乐不同在，廉洁与富贵也不并存。常见一些世家子孙，其祖先正直，光明正大，不畏强权；等到家族衰微的时候，只会以下犯上，而别无其他能力了。其祖先谦恭律己，温顺保身，以远离过失和悔恨；等到家族衰微的时候，只有暗地劣迹，而不知道它的源头。这里一些细微的道理，不是贤者是不可能通达理解的。

| 简注 |

／

① 由：通"犹"，像。

② 畏怯：小心谨慎。

③ 黎氓：黎民。氓，同"氓"。

④ 榎（jiǎ）楚：古代一种木制刑具。亦作夏楚。

夫坏名灾己，辱先丧家，其失尤大者五，宜深志之。其一、自求安逸，靡甘淡泊，苟利于己，不恤人言。其二、不知儒术，不悦古道，懵前经而不耻，论当世而解颐①，身既寡知，恶人有学。其三、胜己者厌之，佞己者悦之，唯乐戏谈，莫思古道，闻人之善嫉之，闻人之恶扬之，浸渍颇僻，销刻德义，簪裾徒在，厮养何殊。其四、崇好慢游，耽嗜麹糵②，以衔杯为高致，以勤事为俗流，习之易荒，觉已难悔。其五、急于名宦，昵近权要，一资半级，虽或得之，众怒群猜，鲜有存者。兹五不是，甚于痤疽。痤疽则砭石可瘳，五失则巫医莫及。前贤炯戒，方册具存；近代覆车，闻见相接。

夫中人已下，修辞力学者，则躁进患失，思展其用；审命知退者，则业荒文芜，一不足采。唯上智则研其虑，博其闻，坚其习，精其业，用之则行，舍之则藏。苟异于斯，岂为君子？

（《旧唐书》卷一百六十五）

大凡败坏名声、祸害自己、辱没祖宗、丧失家室的人，他们特别大的过失有五个方面，你们应该牢记。第一、贪求安逸，不愿过恬淡寡欲的生活，只要对自己有利，就不把他人的议论放在心上。第二、不懂儒家的学说，不喜古代的道理，对前代经书茫然无知而不觉得羞耻，谈起当今的事情则津津有味，自己孤陋寡闻知之甚少，却又厌恶别人有学问。第三、讨厌那些才能胜过自己的人，喜欢那些对自己阿谀谄媚的人；只乐于嬉戏谈笑，不追思古人之道，听到别人有长处就嫉妒人家，听到别人有缺点就四处宣扬，慢慢养成邪僻习气，把仁义道德都销溶掉了，徒有一身衣冠，与那些奴仆差役并无区别。第四、喜好漫游玩乐，沉溺美酒宴饮，视饮酒作乐为高雅，视勤奋做事为俗流，想温习学过的知识却发现早已荒废，感觉到自己的错误却又难以悔改。第五、急于取得功名官位，拍马溜须亲近权贵，虽然如此或许能得个一官半职，可是却引来众人的愤怒和猜忌，这样的人是很少能够生存下去的。这五种恶习，比疖子毒疮还要厉害。生了疖子毒疮，尚可用针石诊治，而这五种过失，即使是巫医也不能救。先贤的明确告诫，典籍全都记载着；近人在这方面的教训，就像刚刚听过和见过的一样，离我们不远。

至于普通人就更不用说了。一些研究辞章、致力学问的人，则急躁冒进、失之适度，总企图施展其用；一些审察命运、知难而退的人，则学业荒废、文章杂乱，而一无足取。只有圣人君子能深研其思虑，广博其知识，坚定其学问，精习其业务，用之则能够成事，舍之则能够潜藏。如果不是这样，又怎能算得上君子呢？

① 解颐：开颜欢笑。此句意为谈论世俗之事感到津津有味。
② 麹蘖（qū niè）：酿酒用的发酵剂，指酒。麹，同"曲"。

| 实践要点 |

柳玭（生年不详，卒于公元 895 年），唐末京兆华原（今陕西耀县）人。柳家世代高官，门第显赫，又以严格教育子弟出名，被后人誉为"柳氏家法"。柳玭由书判、拔萃转左补阙，唐僖宗文德元年（公元 888 年），以吏部侍郎预修国史，任御史大夫，唐昭宗时拟升任宰相，因宦官中伤而作罢，坐事贬泸州刺史卒。

唐代后期，社会风气极差，许多权贵子弟不务正业，整天斗鸡赛马、花天酒地、勾心斗角、仗势欺人。有的家庭，先辈为官正直，不畏强暴，很有骨气；可子孙却是胡作非为，别无其他本领。有的家庭，父辈待人谦逊和顺，家风怡怡；可子孙却是为非作歹，家风衰败。看到这些情况，柳玭感到很有必要加强家庭教育，教育自己的子孙后代不要依仗门第高贵而骄奢淫逸、胡作非为，要继承、发扬柳家的优良家风，把自己造就成品德高尚的人。

他在教子家训中特别强调作为几代名臣的后代，稍有不慎，便易为他人所诟病，有坠家声，因而必须慎之又慎。柳玭提到："夫门地高者，可畏不可恃。"凡世家子弟所倚仗的，不过是自己的门第高贵，而他们之所以急速衰落，也是由于这个"恃"字。为什么门第可畏不可恃呢？因为门第越高，则是非越多，树大招风，在修身及培养德行方面，如果有一事出错，则罪过要重于他人。"门高则自骄，族盛则人之所嫉。"即便自己有真才实学，他人也未必相信，即便相信也心怀嫉妒；而只要稍有不慎，出现一点小瑕疵，则"十手争指矣"。因此，世家子弟"修己不得不恳，为学不得不坚"，柳玭在这里提出这两条要求，就是想让子弟们必须要在修身和做学问两方面苦下工夫，不可偏废。想要世代依靠门第是行不通的，自己必须要有真才实学，才能在世上站得住，这是柳玭对其子弟的中肯告诫。《戒子弟书》谆谆告诫出身门第高贵的子弟如何做人、为官，在当时很有现实意义，对于今天的父母来说，也不无借鉴意义。

# 范仲淹　告诸子及弟侄

吾贫时，与汝母养吾亲①，汝母躬执爨，而吾亲甘旨，未尝充也。今而得厚禄，欲以养亲，亲不在矣。汝母已早世，吾所最恨者，忍令若曹享富贵之乐也。

吴中宗族甚众，于吾固有亲疏，然以吾祖宗视之，则均是子孙，固无亲疏也。苟祖宗之意无亲疏，则饥寒者吾安得不恤也。自祖宗来积德百余年，而始发于吾，得至大官，若独享富贵而不恤宗族，异日何以见祖宗于地下，今何颜以入家庙乎？

京师交游，慎于高论，不同常言之地。且温习文字，清心洁行，以自树立平生之称。当见大节，不必窃论曲直，取小名招大悔矣。

京师少往还，凡见利处，便须思患。老夫屡经风波，惟能忍穷，方得免祸。

大参到任，必受知也。惟勤学奉公，勿忧前路。慎勿作书，求人荐拔，但自充实为妙。

将就大对②，诚吾道之风采，宜谦下兢畏，以副士望。

青春何苦多病，岂不以摄生为意耶③？门才起立，宗族未受赐，有文学称，亦未为国家所用，岂肯循常人之情，轻其身汩其志哉！

贤弟请宽心将息，虽清贫，但身安为重。家间苦淡，士之常也，省去冗口可矣。请多着功夫看道书，见寿而康者，问其所以，则有所得矣。

汝守官处小心不得欺事④，与同官和睦多礼，有事只与同官议，莫与公人商量。莫纵乡亲来部下兴贩，自家且一向清心做官，莫营私利。汝看老叔自来如何，还曾营私否？自家好，家门各为好事，以光祖宗。

（《宋元学案》卷三、《全宋文》卷三百八十四）

| 今译 |

我穷的时候，和你母亲一同赡养我母亲，你母亲亲自烧火做饭，而我亲自端上奉养母亲的食物，但从来不曾充裕过。现在有了丰厚的俸禄，想用它赡养母亲，但母亲已经不在了。你母亲已经早早去世了，我最遗憾的是，现在能让你们享受富贵之乐，而她们都已经不在了。

吴中亲族很多，和我血缘关系固然有的亲近有的疏远。然而以祖宗的角度来看，就都是同宗子孙，当然没有亲疏之分。既然在祖宗看来无所谓亲疏，那有忍饥受冻的，我怎么能不去救助呢？从祖先到现在积德一百多年，而德报实现在我的身上，做了大官，如果独享富贵而不体恤宗族，将来死了怎么去地下面对祖先，今天又有何面目见祖宗于家庙之中呢？

在京师与人交游，不要高谈阔论，因为京师不是你们平常说话的地方。且去温习文字，洁净自己的心灵和行为，以求自立自强。一辈子的评价，应当从大节中显示出来，不必私下谈论是非曲直，以免因为求取小名而招至大辱。

少来往于京师，凡是有利可图的地方，就应想到可能隐藏着祸患。我多次经历风波，就是善于在困穷的时候忍耐，因此得以免除祸患。

就任官职以后，必然需要被了解和信任。要一心勤学奉公，不要担忧前途。千万不要投信求人推荐提拔，只有充实自己才是最好的。

你们将要参加殿试了，实在是我们士人的风采，应该谦虚诚恳，心存敬畏，这样才能回报大家的期望。

青年时期不应陷于多病之苦，怎么能不注意保养身体呢？门户才刚刚立起来，宗族还没有受恩赐，有文学上的声名，也还没被国家任用，怎能按照平常人的情志行事，而放纵身体，任凭志向消沉呢？

贤弟请放宽心好好修养，虽然清贫，但求身体安康为重。家庭生活贫苦平淡，是士人的正常状态，省去多余的仆人就可以了。请多下功夫读佛道之书，见到长寿又健康的人，问人家是怎么做的，就会有所收获。

你做官不可以轻慢的态度对待世事，要与同事和睦多礼，有事要与同事商量，不要同上司官吏商量。不要纵容乡友亲属到自己管辖之地兴贩牟利，自己一定要清心做官，切不可营取私利。你看老叔我一向如何，谋求过私利吗？自家有好事，家家都有好事，以此光耀祖宗。

| **简注** |

/

① 亲：父母。此处指母亲，范仲淹两岁时父亲就已去世。

② 大对：指殿试。

③ 摄生：养生、保养身体。

④ 欺事：以轻慢的态度对待世事。

| **实践要点** |

/

范仲淹（989 年—1052 年），字希文，祖籍邠州，后移居苏州吴县，北宋杰出的思想家、政治家、文学家、军事家和教育家。范仲淹幼年丧父，母亲改嫁长山朱氏。大中祥符八年（1015 年），范仲淹苦读及第，授广德军司理参军。后历任兴化县令、秘阁校理、陈州通判、苏州知州等职，因秉公直言而屡遭贬斥。康定元年（1040 年），与韩琦共任陕西经略安抚招讨副使，采取"屯田久守"方针，巩固西北边防。庆历三年（1043 年），出任参知政事，发起"庆历新政"。不久后，新政受挫，范仲淹自请出京，历知邠州、邓州、杭州、青州。皇祐四年（1052 年），改知颍州，在扶疾上任的途中逝世，年六十四。累赠太师、中书令兼尚书令、楚国公，谥号"文正"，世称范文正公。

范仲淹在《告诸子及弟侄》一文中，告诫子弟在家乡对宗人要不分亲疏、恤饥寒；在京师要慎交游，"温习文字，清心洁行"，切莫"取小名"，"凡见利处，便须思患"，要"勤学奉公"，切不可"作书求人荐拔"，且"宜谦下兢畏，以副士望"，对于在官场任职者，则要求他们为官清廉、办事公正，与同事和睦相处、有事多商量，千万"莫营私利"。从范仲淹对子侄的谆谆教导中，可见其为人处世的态度。其中莫"取小名"、"莫营私利"的见解，对于今天的官员，仍有其积极的意义。

# 邵雍　诫子孙

上品之人，不教而善；中品之人，教而后善；下品之人，教亦不善。不教而善，非圣而何？教而后善，非贤而何？教亦不善，非愚而何？是知善者，吉之谓也；不善者，凶之谓也。吉也者，目不观非礼之色，耳不听非礼之声，口不道非礼之言，足不践非礼之地。人非善不交，物非义不取。亲贤如就芝兰①，避恶如畏蛇蝎。或曰不谓之吉人，则吾不信也。凶也者，语言诡谲，动止阴险，好利饰非，贪淫乐祸。疾良善如仇隙，犯刑宪如饮食。小则殒身灭性，大则覆宗绝嗣。或曰不谓之凶人，则吾不信也。《传》有之曰："吉人为善，惟日不足；凶人为不善，亦惟日不足。"汝等欲为吉人乎？欲为凶人乎？

（《皇极经世书》、《全宋文》卷九百八十七）

| 今译 |

品性上等之人，不用教育就能善良；品性中等之人，经过教育也能善良；品

性下等之人，即使经过教育也不会善良。不用教育就能善良，这不是圣人是什么呢？经过教育也能善良，这不是贤人是什么呢？虽经教育也不会善良，这不是愚人是什么呢？这使我们明白，善良就叫做吉，不善良就叫做凶。吉人眼不观不合礼仪的颜色，耳不听不合礼仪的声音，口不说不合礼仪的言辞，脚不踏不合礼仪的地方。对人，不善良的就不与之往来；对物，不合礼仪的便不取。亲近贤人就像靠近芝兰①一样，躲避恶人就像远离蛇蝎一般。如果有人说这不叫吉祥善良之人，那么我是不相信的。凶人语言怪异多变，行为阴险狡诈，贪图利益，遮掩过错，迷恋淫逸，自招灾祸。厌恶善良之人像对待仇人一样，触犯刑法如家常便饭一般。这种人小则亡命天涯，大则断绝子孙。如果有人说这不叫作凶恶阴险之人，那么我是不相信的。《尚书》上说："吉人做好事，总怕时间不充裕，凶人做坏事，也总怕时间不充裕。"你们是想做好人呢？还是想做坏人呢？

## | 简注 |

①　芝兰：芝草和兰草皆香草名。古时比喻德操之美。

## | 实践要点 |

邵雍（1011 年—1077 年），字尧夫，自号安乐先生。隐居苏门山百源之上，故人称百源先生。死后，门人私谥康节先生。屡授官不受，居洛阳，与富弼、司马光等交游甚密。在宋明道学上，他认为宇宙本原是"太极"，亦即"道""心"，

"天由道而生，地由道而成"。他用《周易》六十四卦绘成方圆图，并制《先天图》，认为"天地万物尽在其中"，著有《皇极经世》《伊川击壤集》等著作。

邵雍在《诫子孙》一书开篇即表明人有三品，"上品之人，不教而善；中品之人，教而后善；下品之人，教亦不善"。上品即圣人，中品即贤者，下品即愚人。随后他又表明吉凶的意思，"是知善也者，吉之谓也；不善也者，凶之谓也"。并通过列举吉人和凶人的特点，让子孙懂得如何是吉、如何是凶，告诫子孙要向好、向善。最后用《尚书》里的一句话，警戒子孙要懂得分辨善恶是非、为吉人不为凶人。

邵雍将吉凶分辨得很清楚，其所说之吉亦可作为我们当代的行为准则。非礼勿视、非礼勿听、非礼勿言、非礼勿取，不该做的事、不该拿的东西，不要去触碰，应安守本分，做好分内之事。在人际交往方面，要懂得如何辨别善恶，不要与恶人来往。

# 黄庭坚　家诫

　　庭坚自总角读书及有知识迄今①，四十年时态，历览谛见润屋封君巨姓②，豪右衣冠世族③，金珠满堂，不数年间，复过之，特见废田不耕，空囷不给；又数年，复见之，有缧绁于公庭者，有荷担而倦于行路者。问之曰："君家曩时蕃衍盛大，何贫贱如是之速耶？"有应于予曰："嗟乎！吾高祖起自忧勤，噍类数口④，叔兄慈事，弟侄恭顺。为人子者告其母曰：'无以为争，无以小事为仇。'使我兄叔之和也。为人夫者告其妻曰：'无以猜忌为心，无以有无为怀。'使我弟侄之和也。于是共庖而食，共堂而燕⑤，共库而泉⑥，共廪而粟。寒而衣，其布同也；出而游，其车同也。下奉以义，上谦以仁。众母如一母，众儿如一儿。无尔我之辨，无多寡之嫌，无私贪之欲，无横费之财。仓箱共目而敛之，金帛共力而收之。故官私皆治，富贵两崇。逮其子孙蕃息，妯娌众多，内言多忌，人我意殊。礼义消衰，《诗》《书》罕闻，人面狼心，星分瓜剖。处私室则包羞自食⑦，遇识者则强曰同宗。父无争子而陷于不义，夫无贤妇而陷于不仁。所志者小而失者大，至于危坐孤立，遗害不相维持，此所以速于苦也。"庭坚闻而泣曰："家之不齐，遂至如是之甚，可志此以为吾族之鉴。"

（刘清之《戒子通录》）

## 今译

我从小时候开始读书到现在有知识，已经四十年了，这期间亲眼目睹了那些豪门贵胄、高官厚禄的世族，金珠满堂，数年间，再路过的时候，只见田地废弃无人耕种，谷仓空荡无法供粮；又过几年再看到的时候，有的人进了牢狱，有的人肩挑着担子在路上疲惫地行走。我问他们："你们家族兴盛的时候非常繁华热闹，怎么就贫贱衰落得如此之快啊？"有的人回答我说："唉！我们家高祖发家是来自于忧劳勤奋，数口人生活在一起，伯叔兄长慈祥仁爱，弟弟侄子恭敬孝顺。做儿子的告诉母亲：'不要去争执，不要因为小事结为仇敌。'这就使得我们叔辈兄弟能和睦相处。做丈夫的告诉妻子：'不要有猜忌的心思，不要因为有无而介怀。'这就使得弟弟侄儿辈能和睦相处。于是一家人能够同锅吃饭同杯饮酒，能够在一个厅堂里宴乐，能够把钱财放在同一个库房里，也能够把粮食放在同一个粮仓中。天冷时穿的衣服是同样的布料，出门游玩时乘坐同样的车子。晚辈以孝义之道侍奉长辈，长辈以谦和仁爱之心对待晚辈。大家就像一个母亲所生的子女那样亲密。没有你我之分，没有分配多少之嫌疑，没有私心贪欲，没有钱财浪费。仓库和衣箱都是共同监督收藏，钱财都是大家共同劳动得来。所以能够公私兼顾，富贵双收。等到子孙繁衍、妯娌众多之时，家中说话说忌讳越来越多，人与人间意见相殊。礼义之道消减衰亡，极少听到诵读《诗》《书》的声音，人面狼心，四分五裂。在小家之内所作所为违背正义，见到有智识名望的就硬说是本家同宗。因为没有犯颜诤谏的儿子，为父亲者变得无义；因为没有贤知规劝的妻子，为丈夫者变得不仁。所在乎的是细小浅薄的东西而所失去的是大义，以至于各自孤立，灾害到来的时候不能相互扶持，这就是我们快速衰败的原因。"我听着这些话不禁为之流泪，说："家庭如果不整治，最终会沦落至如此地步，应该记下来作为我们家族的鉴戒。"

| 简注 |

① 总角：古代男女未成年前束发为两结，形状如角，故称总角。

② 谛（dì）：仔细。润屋：使居室华丽生辉，引申为家室富有。

③ 豪右：豪富大家。衣冠：指官绅。

④ 噍（jiào）类：原谓能饮食的动物，特指活着的人。

⑤ 燕：通"宴"。

⑥ 泉：古代钱币的名称。

⑦ 包羞：指所作所为违义失正。

黄庭坚（1045 年—1105 年），号山谷道人、洛翁，分宁（今江西修水）人。北宋文学家、书法家。治平进士，初游于苏轼之门，为"苏门四学士"之一，并与苏轼齐名，世称"苏黄"。诗学杜甫，而能自辟门径，为江西诗派之祖。论诗强调"无一字无来处""夺胎换骨、点铁成金"，在宋代影响颇大。善书法，为"宋四家"之一。有《山谷集》，自选其诗文名《山谷精华录》，词集名《山谷琴趣外篇》，另有书迹传世。

在这篇写给儿子黄相的家训中，黄庭坚从自身的所见所闻讲起，娓娓道来，生动细致，并且引经据典，教导家族一定要和睦相处，参以具体事例，说明家族兴衰的根源在于家庭内部关系。在《家诫》中，黄庭坚说，自己从小时候读书识字到现在已经 40 多年了，这期间耳闻目睹了许多豪门大姓、高官厚禄之家开始往往金玉满堂、家业丰厚，可是不过数年就变成了"有缧绁于公庭者，有荷担而倦于行路者"。究其家庭由盛到衰的原因，皆是由成员之间的不和睦造成的。这些破败的家族开始时也是勤勤恳恳、父慈子孝、兄弟和睦、夫妻无猜，成员之间和睦相处，共同进退。但是到了后来，"子孙蕃息，妯娌众多"，猜忌之心渐起，斤斤计较之事不绝，遂使"人面狼心，星分瓜剖……至于危坐孤立，患害不相维持，此其所以速于苦也"。黄庭坚以他几十年的所见所闻，反复向儿孙们说明一个道理："家之不齐，遂至如是之甚。"家和则兴、不和则败，正是千古不变的道理，家和则"官私皆治，富贵两崇"，慈孝之盛，外侮不能欺，甚至是绿林大盗也相约无犯义门之家。而不和则子弟在内勾心斗角，在外患难不相回护，这样衰亡随之而至。

　　家庭和睦一直是古人非常重视的问题，特别是在聚族而居、数世同堂的情况下，成员众多，家庭纠纷就会不断。因此古人提倡和睦的事例很多，像黄庭坚这样教育子孙，列举实例、详细剖析、耐心教导殊属可贵，《家诫》一文堪称这类家教的典型，在古代影响很大。时至今日，虽然家庭规模日益缩小，但和睦仍是家庭幸福的必要条件，俗话说"家和万事兴"，此言不虚。

# 叶梦得　石林治生家训要略

一、人之为人，生而已矣。人不治生，是苦其生也，是拂其生也，何以生为？自古圣贤，以禹之治水[①]，稷之播种[②]，皋之明刑[③]，无非以治民生也。民之生急欲治之，岂己之生而不欲治乎？若曰圣贤不治生，而惟以治民之生，是从井可以救人，而摩顶放踵利天下亦为之矣，非圣贤之概也。

一、治生不同。出作入息，农之治生也；居肆成事，工之治生也；贸迁有无，商之治生也；膏油继晷[④]，士之治生也。然士为四民之首，尤当砥砺表率，效古人体天地育万物之志，今一生不能治，何云大丈夫哉！

一、治生非必营营逐逐，妄取于人之谓也。若利己妨人，非唯明有物议，幽有鬼神，于心不安，况其祸有不可胜言者矣，此岂善治生欤？盖尝论古之人，诗书礼乐，与凡义理养生之类，得以为圣为贤，实治生之最善者也。

一、圣门若原宪之衣鹑[⑤]，至穷也，而子贡则货殖焉[⑥]。然论者不谓原宪贤于子贡，是循其分也。季氏之聚敛[⑦]，陈子之蟠李[⑧]，俱为圣贤所鄙斥，由其矫情也。人知法此治生，当择其善者而从之，其不善者而改之。

一、人之所以为人，只是因为有生命。人不治理生命，就是使生命受苦，是违背生命，那又要生命做什么呢？自古以来的圣贤，大禹治水，后稷播种，皋陶制定刑律，没有不是为了治理民生的。民众的生命急需治理，难道自己的生命就不应该治理好吗？如果说圣人不治理自己的生命，而只是治理百姓的生命，这就相当于跳到井里去救人，擦伤全身去利天下，不是圣贤的做法。

一、每个人治理的生命都不一样。日出而作，日落而息，是农民应该治理的生命；住在市镇，做好事情，是工人应该治理的生命；交通贸易，互通有无，是商人应该治理的生命；夜以继日，埋头苦读，是士人应该治理的生命。但是士为四民之首，尤其要磨炼自己的意志，身先士卒做表率，效仿古人体同天地、化育万物的志向，如今自己的生命都治理不好，又怎么敢说是大丈夫呢！

一、治理生命不一定要追名逐利，妄想得到人们称赞。如果事情有利于自己却妨碍了他人，不仅明有物议，暗有鬼神，使人于心不安，更会有不可胜言的灾祸，这怎么能说是善于治生呢？我曾经说，古人诵诗书习礼乐，以义理养生，成就圣贤，是治生最好的方法。

一、孔子门下的原宪衣服破烂，是最穷的弟子，但子贡经商做买卖，是大富翁。然而议论的人不认为原宪比子贡更为贤能，只是他们性分不同。季氏搜刮财物，陈仲子喜好玩蟥蟮，这些都为圣贤所鄙视排斥，因为他们矫揉造作。人要知道据此来学习治生，择其善的从之，不善的便改。

## | 简注 |

① 禹之治水：禹，姓姒氏，名文命，父鲧，治水无功，被诛。禹继承父业，为司空，平水土，居外十三年，三过家门而不入，足迹遍于九州，水患悉平。

② 稷之播种：稷即后稷，周之始祖，相传他的母亲曾欲弃之不养，故名弃，尧时为农师，舜时为后稷（农官名），曾教民播种百谷。

③ 皋之明刑：皋即皋陶，传说为舜之臣，掌管刑狱之事。

④ 膏油继晷（guǐ）：白天未做完的事，夜晚燃灯继续做。

⑤ 圣门：孔子门下。原宪：孔子弟子，春秋时鲁国人，字子思，又名原思，相传他蓬户褐衣蔬食，不减其乐。衣鹑（chún）：衣服破旧褴褛。

⑥ 子贡：孔子弟子，春秋时卫国人，姓端木，名赐，字子贡。能言善辩，善于经商，家累千金。所到之处，与王侯分庭抗礼。曾任鲁、卫相。货殖：积累财货，经营生利，即经商。

⑦ 季氏：或说指季平子，即季孙如意，或说指季桓子。聚敛：搜刮财物。

⑧ 陈子：即陈仲子。相传为孟子弟子，齐国人，因不食乱世之食，遂饿死。蝤（cáo）：蛴螬，虫名，金龟子的幼虫。

一、要勤。每日起早，凡生理所当为者，须及时为之，如机之发、鹰之搏，顷刻不可迟也。若有因循，今日姑待明日，则废事损业，不觉不知，而家道日耗矣。且如芒种不种田，安能望有秋之多获？勤之不得不讲也。

一、要俭。夫俭者守家第一法也。故凡日用奉养，一以节省为本，不可过多。宁使家有赢余，毋使仓有告匮。且奢侈之人，神气必耗，欲念炽而意气自满，贫穷至而廉耻不顾。俭之不可忽也若是。

一、要耐久。昔东坡曰："人能从容自守，十年之后，何事不成？"今后生汲于谋利者，方务于东，又驰于西。所为欲速则不达，见小利则大事不成。人之以此破家者多矣。故必先定吾规模，规模既定，由是朝夕念此为此，必欲得此，久之而势我集，利我归矣。故曰：善始每难善继，有初自宜有终。

一、要和气。人与我本同一体，但势不得不分耳。故圣人必使无一夫不获其所，此心始足，而况可与之较锱铢，争毫末，以至于斗讼哉？且人孰无良心，我若能以礼自处，让人一分，则人亦相让矣。故遇拂意处，便须大着心胸，亟思自返。决不可因小以失大，忘身以取祸也。

一、有便好田产，可买则买之，勿计厚值，譬如积蓄一般，无劳经营而有自然之利，其利虽微而长久，未有无田而可致富者也。昔范文正公三买田地，至今脍炙人口。今人虽不能效法古人，亦当仰企为是。

一、自奉宜俭，至于往来相交，礼所当尽者，当及时尽之，可厚而不可薄。若太鄙吝废礼，何可以言人道乎？又何以施颜面乎？然开源节流，不在悭琐为能。凡事贵乎适宜，以免物议也。

## ｜ 今译 ｜

一、要勤奋。每天早起，凡生理所应当做的，要及时去做，像机弩的发射、雄鹰的搏击，一刻都不能延迟。如果有拖延，今天不做，姑且等到第二天，就会荒废事业，不知不觉，家产就会损耗殆尽。例如芒种不种田，怎么能指望秋天收获得多？勤奋是不得不讲的。

一、要节俭。节俭是守护家业的第一原则。所以凡是日常生活，一定要以节约为本，不可浪费。宁可让家里有盈余，也不要使仓库匮乏。而且生活奢侈的人，必定会损耗神气，欲念旺盛而意气自满，陷入贫穷就不顾廉耻。所以，节俭是不可忽视的。

一、要坚韧耐久。当年苏东坡说："人若能够从容自守，十年以后，什么事办不成？"现在致力谋利的年轻人，一会向东，转眼又去西。欲速则不达，贪求小利就做不成大事，因此而导致家庭破落的人太多了。所以一定要先确定自己的规模，规模既定，时刻思考、奉行，必欲成功，久而久之就能集气势、得利益。所以说：善始容易善继难，有开始就当坚持下去，以期有好的结局。

一、要和气。他人与我本是一体，但形势不能不分而已。所以圣人一定要让人人各得其所，心里才会满足，更何况和人计较微小之事，争夺毫末之利，以至于争讼呢？再说，谁没有良心呢，如果我能用礼自处，让人一分，那他人也会礼让我。所以遇到不合意的境遇时，就需要放大心胸，自我反思。决不可因小失大，不顾己身，惹来祸患啊。

一、遇到好的田产，可买则买，不要考虑高价，就好像积蓄，不需经营而自然获利，利益虽然微小但是长久，没有哪家是没有田产就可以致富的。从前范仲淹三买田地，至今脍炙人口。现在的人虽然不能效法古人，也应当仰慕学习才对。

一、生活要节俭，至于往来相交，礼所当尽的，就要及时尽礼，应当多用的就不能少用。如果太过鄙吝、废弃礼数的话，那还谈什么人道呢？又有何颜面？开源节流，不在于吝啬的才能。凡事贵在适宜，可以避免他人的议论。

一、内人贤淑者难得，当交相儆戒，以闺门肃若朝廷为期。至于六婆尼师<sup>①</sup>，最能耗家，须痛绝之。首饰衣服，虽宜从俗，而私居之时，亦不可华侈相尚。不唯消费难继，亦非所以惜福而传后也。

一、无家教之族，切不可与为婚姻。娶妇固不可，嫁女亦不可。此虽吾惩往失痛之言，然正理古今不异记。

《礼记》者云:"为子孙娶妻嫁女,必择孝悌,世世有行仁义者。"如是则子孙慈孝,不敢淫暴。党无不善,三族②辅之。故曰:"凤凰生而有仁义之意,狼虎生而有暴戾之心。"两者不等,各以其母。呜呼,慎戒哉!

一、妻亡续娶,及娶妾生子,俱不幸之事,鲜有不至乖离,酿成家祸者,切宜慎之。

一、管家者最宜公心,以仁让为先,且如他人尚不可欺,而况于一家至亲骨肉乎?故一年收放要算,分予要均。和气致祥,天必佑之。不然,少有所私,神人公鉴,家道岂能长永而无虞乎?

予曾见《颜氏家训》,大约有一子则予田产若干,屋业若干,蓄积若干。有余则每年支费,又有余则以济亲友,此直知止知足者也。盖世业无穷,愈富而念愈不足,此于吾生何益?况人之有分限,逾分者颠。今吾膝下亦当量度处中,未足则勤俭以足之,既足则安分以守之。敦礼义之俗,崇廉耻之风,其于治生庶乎近焉。

(《石林遗书》)

| 今译 |

一、有个贤淑的内助是非常难得的,应当互相提醒监督,以家庭肃明如在朝

廷为目标。至于六婆尼师之类的人，是最能消耗家业的，需要痛下决心断绝和他们的来往。首饰衣服，虽然应该依从习俗，但在私人生活当中，也不应该相互崇尚奢华。不仅仅是因为花费难以为继，也是因为这不是惜福、传家的做法。

一、没有家教的家族，切不可与之通婚。娶媳妇固然不可以，嫁女也是不可以的。这虽然是我回顾往事的痛心之言，然而正确的道理古今无异。《礼记》说："为子孙娶妻嫁女，一定要选择孝悌之家，世行仁义之族。"如此则子孙慈孝，不敢荒淫残暴。若有不为善的，三族亲人还可以辅助改正。所以说："凤凰生来而有仁义之意，狼虎生来而有暴戾之心。"两者的不同是因为它们有不同的母亲。啊，要谨慎警惕啊！

一、妻死续娶，以及娶妾生子，都是不幸的事情，很少有不至乖离、酿成家祸的，一定要谨慎。

一、管理家事的人，最应该有公正的心，以仁爱谦让为先。别的人尚且不可以去欺压，何况是一家至亲骨肉呢？所以一年收入支出要算准，分发要平均。家族和气可以招致吉祥，上天也一定会保佑。不然，只要有一点私心，上天和家人都能见到，家业又怎能长久不衰呢？

我曾见过《颜氏家训》，大约有一个儿子就给田产若干，房屋若干，积蓄若干。有剩下多余的，就作为每年的开销，还剩下多余的，就用来救济亲戚朋友，这真是知道适度知道满足的人啊。世代家业无穷无尽，越富而贪念越不满足，这对我的生命又有什么好处呢？何况每人都自有分限，逾越界限就会倾覆。现在我的儿女也应自我量度、合乎中道，不足就要勤劳节俭以足之，既足就要安分以守之。注重礼俗，崇尚廉耻，治生差不多也就是这样了。

① 六婆：牙婆、媒婆、师婆、虔婆、药婆和稳婆。尼师：即尼姑。

② 三族：一指父母、兄弟、妻子，或指父族、母族和妻族。

## 实践要点

叶梦得（1077 年—1148 年），宋代著名词人，字少蕴。苏州长洲吴县人，北宋刑部侍郎叶逵五世孙。绍圣四年（1097 年）登进士第，历任翰林学士、户部尚书、江东安抚大使等职。晚年隐居湖州弁山玲珑山石林，故号石林居士，所著诗文多以石林为名，如《石林燕语》《石林词》《石林诗话》等。绍兴十八年卒，年七十二。

《石林治生家训要略》谈论如何经营家业，依次阐述了治生的意义、原则和方法。首先强调治生的重要性，叶梦得告诫子弟治生的前提要择善从之，选择合适的治生之道，不得为己利妨害他人，鼓励子弟积极治生，流露出对子弟成为圣贤的期望。其次，提出五条治生的基本原则：一要勤，否则将于不知不觉间损耗家道；二要俭，日用奉养都应该节省；三要耐心，不要急功近利，踏踏实实努力去做，日久天长才能达到富裕的目标；四要和气，不应该总是与人较锱铢、争毫末，遇到不如意的事，更要心胸开阔；五要购田产。治生除了要坚持上述原则之外，人际关系方面的处理同样很重要，家中妻子应该贤淑，勤俭持家，惜福传后，子女嫁娶应选择孝悌世家，子孙才能慈孝。不管是对内还是对外都要有良好的人际关系，治生之事才能够实现，这是叶梦得对人生经验的总结，字字句句透露出谆谆苦心。

叶梦得提倡节俭，他认为俭是守家的第一法，要求子弟"凡日用奉养，一以节省为本，不可过多，宁使家有盈余，毋使仓有告匮"。反之，奢侈就会使人"神气必耗，欲念炽而意气自满，贫穷至而廉耻不顾"。节俭是治生之道不可忽视的一部分，但叶梦得同时反对吝啬，主张"贵乎适宜"，他要求子弟"至于往来相交，礼所当尽者，当及时尽之，可厚而不可薄"。他认为，凡事贵在适度，不可过度节俭，违反礼数，遭他人议论。

# 陆游　放翁家训序

　　昔唐之亡也，天下分裂，钱氏①崛起吴越之间，徒隶乘时，冠屦易位②。吾家在唐为辅相者六人，廉直忠孝，世载令闻。念后世不可事伪国③、苟富贵，以辱先人，始弃官不仕，东徙渡江，夷于编氓。孝悌行于家，忠信著于乡，家法凛然，久而弗改。宋兴，海内一统。祥符④中，天子东封⑤泰山，于是陆氏乃与时俱兴。百余年间，文儒继出。有公有卿，子孙宦学相承，复为宋世家，亦可谓盛矣。

　　然游于此切有惧焉，天下之事，常成于困约，而败于奢靡。游童子时，先君谆谆为言，太傅⑥出入朝廷四十余年，终身未尝为越产，家人有少变其旧者，辄不怿。其夫人棺才漆⑦。四会⑧婚姻，不求大家显人。晚归鲁墟⑨，旧庐一椽不可加也。楚公⑩少时，尤苦贫，革带敝，以绳续绝处。秦国夫人⑪尝作新襦，积钱累月乃能就，一日覆羹污之，至泣涕不食。太尉⑫与边夫人方寓宦舟，见妇至，喜甚。辄置酒，银器色黑如铁，果醢数种，酒三行而已。姑嫁石氏，归宁，食有笼饼，丞起辞谢曰："昏耄不省是谁生日也。"左右或匿笑。楚公叹曰："吾家故时数日乃啜羹，岁时或生日乃食笼饼，若曹岂知耶？"是时楚公见贵显，顾以啜羹食饼为泰，愀然叹息如此。

游生晚，所闻已略，然少于游者又将不闻，而旧俗方以大坏，厌藜藿、慕膏粱，往往更以上世之事为讳，使不闻此风，放而不还，且有陷于危辱之地，沦于市井，降于皂隶者矣。复思如往时，父子兄弟相从居于鲁墟，葬于九里，安乐耕桑之业，终身无愧悔，可得耶？呜呼！仕而至公卿，命也；退而为农，亦命也。若夫挠节以求贵，市道以营利，吾家之所深耻。子孙戒之，尚无坠厥初。

（叶盛《水东日记》卷十五）

---

## 今译

昔日唐朝灭亡后，天下分裂，钱镠崛起于吴越之间，徒隶们乘机改朝换代。我家在唐朝时做过辅相的有六人，都是廉直忠孝，载入史册名声传扬。后来为了不使后人仕事伪政权、苟且于富贵而辱没先人，便弃掉官职，东渡为民。在家中行孝悌，忠信之名著于乡里，家法严格，很长时间都未曾改变。大宋兴起，国家一统。祥符年间，天子封禅泰山，陆家也随着时代兴旺起来，百余年间，出了不少知名的文人儒士。有公有卿，子孙有做官的，有读书的，代代传承，成为了宋代的名望世家，可以说是很鼎盛了。

然而，我对此却不免有所忧虑，因为天下之事，多成于困顿和简约，而多败于奢靡。我少年时，父亲曾谆谆教诲，太傅出入朝廷四十多年，终身廉洁，没有过多的财产，家人稍稍给他换掉旧器物，他就不高兴。夫人死后，棺材上只是上了漆，十分节俭。四次选择婚姻，都不讲求门第。晚年辞官回到鲁墟故居，旧房子维持原状，都不修葺。楚公小时候尤为贫苦，皮带断了用绳子接续断处。秦国夫人做一件新衣，要积钱数月才能做成，一天吃饭不小心弄脏了衣服，心痛得哭泣不食。太尉与边夫人会面，非常高兴，准备了酒食，但银器色黑如铁，不过是果品肉食几种，斟酒数次而已。姑姑嫁到石氏之后，一次回到家中，见吃笼饼，马上站起道歉："老朽不知今日是谁生日？"左右仆人都笑了，楚公感叹地说："我家早些时候几天才能喝一次羹汤，只有年节或有人过生日时才吃笼饼，这些你们哪里知道呢？"这个时候楚公已经显贵，还以食羹和吃饼为美事，叹息如此。

我出生较晚，祖辈的这些事情听说得不多，然而比我年少的人就更加难听到这些事情了，加上风俗大坏，人们厌恶简朴，羡慕奢华，往往讳言上世的俭朴生活，若此风放任不改，长此以往必陷于危急耻辱之地，沦为市井贱役之人。想如往日一般，父子兄弟相从居住在鲁墟，死后安葬在九里，安乐于耕种蚕桑之业，终身无惭愧悔恨，又怎么可能呢？哎！官至公卿，是命；归乡为农，也是命。若要卑躬屈膝以求富贵，出卖道义以谋利益，这是我陆家所深恶痛绝的。望子孙戒之，不要败坏了陆家原来的好名声。

① 钱氏：指钱镠（liú），字具美，五代十国时吴越国的创建者。

② 冠屦（jù）易位：鞋帽颠倒，比喻尊卑贵贱的社会地位发生了变化。冠，帽子。屦，用麻、葛等制成的鞋。

③ 伪国：指五代十国的吴越。

④ 祥符：大中祥符（1008 年—1016 年），北宋真宗第三个年号。

⑤ 封：封禅。古代帝王祭天地的大典。在泰山上筑土为坛，报天之功，称封；在泰山下的梁父山辟场祭地，报地之德，称禅。

⑥ 太傅：指陆游的高祖陆轸（zhěn），字齐卿，官至吏部郎中，追赠太傅。

⑦ 棺才漆：棺木只刷了漆。形容葬礼节俭。

⑧ 会：匹配，引申为选择。

⑨ 鲁墟：陆氏故居。

⑩ 楚公：指陆游的祖父陆佃，字农师，官至尚书右丞，追封楚国公。

⑪ 秦国夫人：陆游祖母郑氏。

⑫ 太尉：指陆游的曾祖陆珪，官至国子博士，赠太尉。

| 实践要点 |

/

陆游（1125 年—1210 年），字务观，号放翁，越州山阴（今浙江绍兴县）人，南宋文学家、史学家、爱国诗人。陆游生逢北宋灭亡之际，出身世宦之家，始任福州宁德簿，迁大理寺司直兼宗正簿。孝宗时，赐进士出身，除枢密院编修，后任建康、夔州、隆兴等地通判，官至宝谟阁待制。晚年长期蛰居山阴，嘉定二年卒，留绝笔《示儿》。著有《剑南诗稿》《渭南文集》《南唐书》《老学庵笔记》《放翁遗稿》。

此篇是陆游为《放翁家训》作的序，陆氏家族至陆游时，已数世为官，家中子弟自幼养尊处优，逸裕安乐，不知艰难，对祖辈的节俭讳莫如深，这使得已届垂暮之年的陆游深感忧虑，便作此家训训勉子孙，勿坠家风。陆游先追述陆氏家世"廉直忠孝，世载令闻""孝悌行于家，忠信著于乡，家法凛然，久而弗改"。历叙高祖陆轸、祖父陆佃、陆游祖母郑氏的节俭事例，指出"天下之事，常成于困约，而败于奢靡"的道理，期望子孙能保持陆氏家族廉洁节俭的传统，继承先辈宦学相承、清白守理、高尚节操的优良家风，同时就处世之道对子孙进行教诲，无论是持家还是做事，对内对外都要做到勤俭廉直，无愧君子。

陆游在序末告诫子孙："挠节以求贵，市道以营利，吾家之所耻。"他认为，千万不能做有辱门庭之事，不可以卑躬屈膝的姿态来祈求富贵，不可以道义作为交易筹码来谋取利益，更不能败坏陆氏廉直忠孝的家风。子孙宁可清贫度日，俭朴生活，也不能不择手段地追求高官厚禄、重利忘义，沦为市井贱役之人。子孙要以先祖为榜样，廉洁俭诚，代代相传，延续家族兴旺，以保持陆氏的家业长盛不衰。在陆游谆谆教诲之下，七子知书达理，其中长子陆子虡、三子陆子修、孙子陆元廷、曾孙陆传义等皆为名宦，颇有政声。

# 朱熹　与长子受之

　　早晚受业请益，随众例不得怠慢。日间思索有疑，用册子随手札记，候见质问，不得放过。所闻诲语，归安下处，思省切要之言。逐日札记，归日要看。见好文字，录取归来。

　　不得擅自出入，与人往还。初到问先生，有合见者见之，不合者则不必往。人来相见，亦启禀然后往报之，此外不得出入一步。

　　居处①须是居敬，不得倨肆惰慢。言语须要谛当，不得戏笑喧哗。凡事谦恭，不得尚气凌人，自取耻辱。

　　不得饮酒，荒思废业，亦恐言语差错，失己忤人，尤当深戒。不可言人过恶，及说人家长短是非。有来告者，亦勿酬答。于先生之前，尤不可说同学之短。

　　交游之间，尤当审择，虽是同学，亦不可无亲疏之辨。此皆当请于先生，听其所教。大凡敦厚忠信、能言吾过者，益友也；其谄谀轻薄、傲慢亵狎、导人为恶者，损友也②。推此求之，亦自可见得五七分，更问以审之，百无所失矣。但恐志趣卑凡，不能克己从善，则益者不期疏而日远，损者不期近而日亲。此须痛加检点而矫革之，不可苒苒渐习，自趋小人之域。如此则虽有贤师长，亦无救拔自家处矣。

见人嘉言善行，则敬慕而纪录之，见人好文字胜己者，则借来熟看或传录之，而咨问之，思与之齐③而后已。不拘长少，惟善是取。

以上数条，切宜谨守，其所未及，亦可据此推广。大抵只是"勤谨"二字。循之而上，有无限好事，吾虽未敢言，而窃为汝愿之；反之而下，有无限不好事，吾虽不欲言，而未免为汝忧之也。

盖汝若好学，在家足可读书作文，讲明义理，不待远离膝下，千里从师。汝既不能如此，即是自不好学，已无可望之理。然今遣汝者，恐汝在家汩于俗务，不得专意；又父子之间，不欲昼夜督责，及无朋友闻见，故令汝一行。汝若到彼，能奋然勇为，力改故习，一味勤谨，则吾犹有望。不然则徒劳费，只与在家一般，他日归来，又只是旧时伎俩人物，不知汝将何面目归见父母亲戚乡党故旧耶？

念之！念之！"夙兴夜寐，无忝尔所生！"④在此一行，千万努力！

（《晦庵集》）

早晚间受业于师及请教问题，要依照通行的惯例行礼，不得怠慢。白天思索有疑惑之处，用册子随手做好笔记，等候见到老师并向老师请教，不得放过。所听到的教诲，回到住处休息时，思考省察最重要的话。每天的笔记，回家之日要看。看到好文字，要抄下带回来。

不得擅自出入，和人交往。刚到的时候要问老师，有应当见的去见，不当见的不必去见。人来相见，也要见前禀告，见后通报，此外不得出入一步。

平日的仪容举止一定要恭敬端庄，不得放肆怠慢。说话一定要得当，不得嬉笑喧哗。凡事要谦恭，不得凭着骄慢的意气压人，自取耻辱。

不得饮酒，荒废思考和学业，也要惧怕喝了酒会在言语上出差错，自犯过失，得罪别人，特别要深深地戒备。不可说别人的过失缺点，人家的长短是非。有别人来告诉这些，也不要应酬回答。在老师面前，尤其不可说同学的短处。

与朋友交游，尤其应当认真选择，就算是同学，也不可没有亲近疏远的分别。这些都应请教老师，听他的教诲。大凡为人敦厚忠信，能批评我的过错的，是有益的朋友；谄谀奉承不正经，傲慢轻浮不庄重，引导别人做坏事的，是有害的朋友。用这些来推求，应当能看清楚五分七分，再加上询问观察，就绝不会看错了。就怕志趣卑下庸俗，不能克己向善，那么有益的朋友无意疏远却日渐疏远，有害的朋友没想亲近却日益亲近。这一定要痛下决心加以改正，不可一天天渐成习惯，自行堕入小人的圈子。如此即便有贤德师长，也无从挽救自己了。

看到他人好的言行，就心怀敬慕记录下来；看到他人的文字比自己好，就借来熟读或抄录，并咨询请教，想想怎么能向他看齐。不必考虑比自己年长还是年少，只要好就学习。

以上数条，一定要认真遵守。上面没说到的，也可据此推而广之。大抵只是"勤谨"二字，循着这个方向努力向上，有无限好事，我虽不敢说到底会有多么好，但内心希望你能做到；朝相反的方向走，有无限不好事，我虽不想说，但又不免为你担忧。

你如果好学，在家足可以读书作文，讲明义理，不用远离父母，到千里外从师学习。你既然不能如此，就是自己本来不好学，已经没有可期望之理。然而现在把你送走的原因，是怕你在家沉埋于俗事细务之中，无法专心学习；加之父子之间，不想昼夜督责，又少有朋友交往，孤陋寡闻，因此决定让你前去。你如果到了那儿，能发奋图强，力改以前的习惯，一心勤勉谨慎，那我还有期望。如果做不到这样，就白白浪费精力和钱财，只和在家一样，他日回到家来，还是以前那个样子，不知你还有什么面目，回来见父母亲戚同乡老友呢？

切记！切记！"早上起来晚上睡觉，一天中不要辱没生养你的父母。"能否做到全看这次出门，千万要努力！

| 简注 |

/

① 居处：指平日的仪容举止。《论语·子路》："居处恭，执事敬，与人忠，

虽之夷狄不可弃也。"

② 损友：对己有害的朋友。语本《论语·季氏》："益者三友，损者三友：友直、友谅、友多闻，益矣；友便辟，友善柔，友便佞，损矣。"

③ 思与之齐：语出《论语·里仁》："见贤思齐焉，见不贤而内自省也。"

④ "夙兴"句：早上起来晚上睡觉，一天中不要辱没生养你的父母。语出《诗经》，《孝经》曾引用这句话作为对孝子的要求。

## | 实践要点 |

朱熹（1130年—1200年），南宋著名哲学家、教育家、文学家，为宋代理学的集大成者。朱熹字元晦，一字仲晦，号晦庵，别称紫阳，江西婺源人，因后来定居福建考亭，故世称之为"考亭先生"。幼年颖悟，善学好问，18岁登进士第。宋孝宗继位后，屡召为官均辞。淳熙五年，宰相史浩荐其知南康军，兴利除害，重修白鹿洞书院，亲订"学规"，讲学于此。后曾任提举江西、浙东常平茶盐公事，救荒为政，颇有政绩。因被诋毁为伪学，改台州崇道观主管，后改知漳州。宁宗时召除焕章阁待制、侍讲等职。因奸臣当道，其自劾以病乞休。沈继祖等上疏诬陷十大罪状，诏落职罢祠。卒谥文，从祀孔庙。

朱熹在长子出门游学前写下这封信，信里提到如何在学习、礼仪、交友等方面做到尽善尽美，提醒长子一定要谨记其中的内容，并说："其所未及，亦可据此推广，大抵只是'勤谨'二字。"认为没有提到的其他方面可以根据以上提到的几条推类以及之。求学要勤，"有疑不得放过""思省切要之言"，做人要谨，"不得倨肆惰慢"，从各方面展现了对长子的严格要求。

　　因处家易流于亲昵，不利修身，朱熹遂将长子送至千里之外从师求学。"汝若到彼，能奋然有为，力改故习，一味勤谨，则吾犹有望"，表达了朱熹对长子此次出门能够改掉旧习、有所作为的殷切希望，也体现出他对孩子的拳拳父爱。

# 陆九韶　居家正本

## 上　篇

古者民生八岁，入小学，学礼、乐、射、御、书、数。至十五岁，则各因其材而归之四民①。故为农、工、商贾者，亦得入小学，七年而后就其业。其秀异者，入大学而为士，教之德行。凡小学、大学之教，俱不在言语文字。故民皆有实行，而无诈伪。愚谓人之爱子，但当教之以孝弟忠信。所读之书须先"六经"、《语》《孟》，通晓大义，明父子、君臣、夫妇、昆弟、朋友之节，知正心、修身、齐家、治国、平天下之道，以事父母，以和兄弟，以睦族党，以交朋友，以接邻里，使不得罪于尊卑上下之际。次读史，以知历代兴衰，究观皇帝王霸与秦汉以来为国者规模措置之方。此皆非难事，功效逐日可见，惟患不为耳。

世之教子者，不知务此，惟教之以科举之业，志在于荐举登科，难莫难于此者。试观一县之间，应举者几人？而与荐者有几？至于及第，尤其希罕。盖是有命焉，非偶然也。此孟子所谓"求在外者，得之有命"，是也。至于止欲通经知古今，修身为孝弟忠信之人，特恐人不为耳，此孟子所谓"求则得之，求在我者"也。此有何难，而人不为耶。

况既通经知古今，而欲应今之科举，亦无难者。若命应仕宦，必得之矣。而又道德仁义在我，以之事君临民，皆合义理，岂不荣哉！

| 今译 |

## 上 篇

古时候小孩生下来到八岁，就进入小学，学习礼、乐、射、御、书、数六艺。到十五岁时，就根据个人资质，选择士、农、工、商不同的出路。所以说做农民、工人、商贾的，也都要入小学学习，学习七年之后才能选择以后的事业。其中成绩优异的，进入大学学习成为士人，对他们进行德行的教育。无论是小学还是大学的教育，教的都不只是语言文字。因此人们都讲求实在的德行，没有诈伪的行为。我认为人要是真的爱自己孩子的话，就应该教给他们孝、悌、忠、信之德。所读之书先要从"六经"、《论语》《孟子》开始，通晓经中大义，懂得父子、君臣、夫妇、兄弟、朋友这五伦的礼节，明白正心、修身、齐家、治国、平天下的道理，从而以此来侍奉父母，团结兄弟，和睦族人，结交朋友，接洽邻里，使之在处理尊卑、上下关系时能够遵循礼义，不得罪人。其次，要读史书，从而明白历朝历代兴盛衰亡的规律，仔细研究皇帝王霸的兴替与秦汉以来各朝君王的治国安邦之略。这都不是难事，学习的功效自会逐渐显现，只是担心不学罢了。

世人教育孩子，不知道要在这方面用力，只知道教育孩子以科举考试为业，希望将来能够中举登科，但这又是最难实现的。试观一个县里，能够应举的有几人？能被荐举的又有几人？至于能考中进士的，则更加稀有了。能否考中要看个人的命运，绝对不是偶然的。这就是孟子讲的"求在外者，得之有命"。至于只想通达经典大义，知晓古今历史，努力修身，做一个孝悌忠信之人，只担心人不去做，这也就是孟子讲的"求则得之，求在我者"，又有什么难的呢？但世人却不知道去求这个啊！

况且既然通达经义又知晓古今，而想要参加现在的科举考试，也不是很难的事情。如果有做官入仕的命，就必然能够得中。而自己又讲求道德仁义，并以此侍奉君主治理民众，都符合义理，难道这不是很光荣的事吗？

## ┃ 简注 ┃

/

① 四民：古时指士、农、工、商四种行业之人。

## 下 篇

　　人孰不爱家、爱子孙、爱身？然不克明爱之之道，故终焉适以损之。一家之事，贵于安宁、和睦、悠久也，其道在于孝悌谦逊。仁义之道，未尝言之，朝夕之所从事者，名利也；寝食之所思者，名利也；相聚而讲究者，取名利之方也。言及于名利，则洋洋然有喜色；言及于孝悌仁义，则淡然无味，惟思卧。幸其时数之遇，则跃跃以喜；小有阻意，则躁闷若无容矣。如其时数不遇，则朝夕忧煎，怨天尤人，至于父子相夷，兄弟叛散。良可悯也！岂非爱之适以损之乎？

　　夫谋利而遂者不百一，谋名而遂者不千一。今处世不能百年，而乃微幸①于不百一不千一之事，岂不痴甚矣哉。就使遂志，临政不明仁义之道，亦何足为门户之光耶。愚深思熟虑久矣，而不敢出诸口，今老矣，恐一旦先朝露而灭，不及与乡曲父兄子弟语及于此。怀不满之意，于冥冥之中，无益也。故辄冒言之，幸垂听而择焉。

　　夫事有本末，知愚贤不肖者本，贫富贵贱者末也。得其本，则末随；趋其末，则本末俱废，此理之必然也。今行孝悌，本仁义，则为贤为知。贤知之人，众所尊仰。

箪瓢为奉，陋巷为居，己固有以自乐，而人不敢以贫贱而轻之。岂非得其本，而末自随之。夫慕爵位，贪财利，则非贤非知。非贤非知之人，人所鄙贱。虽纡青紫②，怀金玉，其胸襟未必通晓义理，己无以自乐，而人亦莫不鄙贱之。岂非趋其末，而本末俱废乎。

况富贵贫贱，自有定分。富贵未必得，则将陨获③而无以自处矣。斯言或有信之者，其为益不细。相信者稍众，则贤才自此而盛，又非小补矣。

（《陆氏家制》）

| 今译 |

## 下　篇

人没有不爱家、爱子孙、爱自身的。但是如果不懂得怎么爱，最终反而会带来损害。一家之事，最可贵的是能保持安宁、和睦与长久，其核心在于孝悌谦逊。可惜现在的人，已很少谈论仁义之道，更别说落实了。大家从早到晚追逐的，是名利；吃饭睡觉想到的，也是名利；众人聚集谈论的，也是争名夺利的方法。一谈到名利，大家脸上就露出喜悦之色；谈到孝悌仁义，就觉得淡然无味，只想睡觉。如果侥幸时运不错就面有喜色，稍有阻碍就心情烦躁，面无表情。

如果时运不济，就早晚忧愁，怨天尤人，甚至闹到父子相对、兄弟离散的地步。这实在是值得怜悯啊。难道这不正是自以为爱子女实际上却是害了子女吗？

那些谋取利益而能够顺利得到的，一百人中也难得有一个；谋取名位而能够顺利得到的，一千人中也难得有一个。人在世上，活不过百岁，而侥幸于百千中难得有一的事情，难道不是愚痴到极点了吗？即便幸运中了科举做了官，但是治理政事不懂得仁义之道，又怎么能够光耀门楣呢？我想了很久，却一直不敢说出口，如今年事已高，唯恐一朝过世，来不及和乡亲父老兄长子弟们谈及此事。这样，心怀不满之意于九泉之下，实在无益。所以冒昧说出这番话，希望你们听取。

任何事情都有根本和枝末，智慧还是愚痴，贤能还是不肖，这是为人之根本，至于贫贱还是富裕，尊贵还是低贱，这是为人之枝末。人能把握根本，自然就能得到枝末；如果追求枝末，就会本末都失掉，这是必然的道理。人要是能够以孝悌为行，以仁义为本，则将成为贤人智者。有贤德和智慧的人，自然会受到众人的尊重和敬仰。即使像颜回一样，箪食瓢饮，住在陋巷，也自有其乐，他人也不敢因为其贫贱而轻视他。这难道不是得到了根本而枝末也随之而得吗？如果仰慕爵位，贪图财利，则不是贤智之人。没有贤德和智慧的人，自然会被众人所鄙视。虽然穿着官服，怀藏金玉，但是心中未必通晓道德义理，自己不能得到真正的快乐，而世人也没有不鄙视轻贱其人的。这难道不是追求枝末而本末都失去了吗？

况且人生的富贵贫贱，都有定数。追求富贵未必能够得到富贵，反而会让自己丧失志气而无以自处。你们如果真能相信我这番话，则会受益匪浅。如果相信的人多，贤才自然会因此而兴盛起来，这对社会的补益可就不是一点点了呀。

## 简注

/

① 徼幸：即"侥幸"。徼，通"侥"。

② 纡（yū）：系，结。青紫：古时公卿服饰，代指高官。

③ 陨获：丧失志气。

## 实践要点

/

陆九韶（1128 年—1205 年），字子美，号梭山居士，南宋抚州金溪（今江西）人，学问渊博精粹，崇尚孝悌忠信，重义轻利，隐居不仕，筑室梭山，讲学其中，与弟陆九龄、陆九渊并称"三陆"。九韶曾与朱熹论战，指出朱熹之失，"不当于太极上加无极二字"，著有《解经新说》《州郡图》《家制》等。

本篇讲述为人处世的根本，"本"即孝悌忠信等做人的基本准则。陆九韶认为，爱护子弟的正确方式是对其加以教导，教导的原则应以德行为先，言语文字为后。一个人只要做到孝悌忠信，以仁义为本，明父子、君臣、夫妇、兄弟、朋友之节，知正心、修身、齐家、治国、平天下之道，则能成为贤人智者，自然会受到众人的尊重和敬仰。在此基础上，阅读史书，能够明晓经典大义、知晓古今历史。陆九韶强调，教育子弟不能紧盯科举考试，谋取名利，更应注重教育子弟努力修身，做一个孝悌忠信之人。

"一家之事，贵于安宁和睦悠久也，其道在于孝悌谦逊。"一个家族、一个家庭，最可贵的是能够保持安宁、和睦和长久，陆九韶指出，维护家庭和谐的核心在于孝悌谦逊，做人之根本在于重仁义而轻名利，以此勉励子弟应该自乐于道德仁义，不要舍本逐末追名逐利。

# 陆九渊　与侄孙浚书

夏末得汝陈官人①到后信，胸襟顿别，辞理明畅，甚为喜慰。乃知汝质性本不昏滞，独以不亲讲益，故为俗见俗说牵制埋没耳。其后二三信，虽是仓卒，终觉不如初信，岂非困于独学，无朋友之助而然？得失之心未去，则不得；得失之心去，则得之。时文之说未破，则不得；时文之说破，则得之。不惟可使汝日进于学而无魔祟，因是亦可解流俗之深惑也。

山间近来结庐者甚众，吾祠禄②既满，无以为粮，诸生始聚粮相迎。今方丈前又成一阁，部勒③群山，气象益伟。第诸生中有力者寡，为此亦良不易，未能多供人耳。今夏更去迭来，常不下百人，若一时俱来，亦未有着处。贵溪宰甚有政声，邑人以为久无此人。其致礼于山间甚厚，屡欲躬至问道而未果，夏末有复其一书，录往汝观之，非虚辞也。

　　夏季末得到你陈官人到达后的来信，胸襟气度与从前大不一样，言辞道理明白顺畅，我感到非常高兴与欣慰。我知道你气质品性本来就不愚钝，只是因为没有亲受教诲，才被世俗见闻牵制埋没罢了。后面的两三封来信，虽然匆忙急迫，但还是觉得不如第一封信，难道不是因为独自学习却没有朋友相互切磋帮助的缘故吗？不舍弃患得患失之心，就不能有所得；去掉患得患失之心，才能有所得。不能打破时下流行的文体论述，就不能有所得；能打破时下流行的文体论述，才能有所得。做到这些，不仅可以使你每天学习进步而没有歪门邪道的危害，也可以解除流俗带给你的困惑。

　　山间近来结庐从学者甚多，我为祠禄之官的日子已满，没有俸禄来购买粮食，诸生开始聚粮迎接新来的人。如今在原来的房间前又建成一个小阁，有统御群山之势，气象更为雄伟。只是诸生当中有财力者少，做此事也殊为不易，未能多供给人。今年夏天来听学者更去迭来，常常不下百人，如果一时都来，也没有可容纳的地方。贵溪宰为政甚有美声，邑人认为已经很久没有这样的好官了。他给山间致送礼物甚为丰厚，屡次想亲身来问道而未果，夏末的时候我回复他一封书信，录下给你看看，我说的并非虚辞啊。

① 夏末：指淳熙十六年（1189 年）夏末。

② 祠禄：官名。宋制，大臣罢职，令管理道教宫观，以示优礼，无职事，但借名食俸，谓之“祠禄”。

③ 部勒：统御、指挥。此处指建筑有统御群山之势。

道之将坠，自孔孟之生，不能回天而易命。然圣贤岂以其时之如此而废其业、隳其志哉？恸哭于颜渊之亡[①]，喟叹于曾点之志[②]，此岂梏于蕞然[③]之形体者所能知哉！孔氏之辙环于天下，长沮、桀溺、楚狂接舆负蒉植杖之流，刺讥玩慢，见于《论语》者如此耳[④]。如当时之俗，揆之理势，则其陵借欺侮，岂遽止是哉？宋、卫、陈、蔡之间，伐木绝粮之事，则又几危其身[⑤]，然其行道之心，岂以此等而为之衰止？“文不在兹”[⑥]“期月而可”[⑦]，此夫子之志也。“然而无有乎尔，则亦无有乎尔”[⑧]，此又孟子之志也，故曰“当今天下，舍我其谁哉”[⑨]。至所以祛尹士、充虞[⑩]之惑者，其自述至详且明。

由孟子而来，千有五百余年之间，以儒名者甚众，而荀、杨、王、韩[⑪]独著，专场盖代，天下归之，非止朋游党与之私也。若曰传尧舜之道，续孔孟之统，则不容以形似假借，天下万世之公，亦终不厚诬也。至于近时伊洛诸贤[⑫]，研道益深，讲道益详，志向之专，践行之笃，乃汉唐所无有，其所植立成就，可谓盛矣。然江汉以濯之，秋阳以暴之，未见其如曾子之能信其皜皜；肫肫其仁，渊渊其渊，未见其如子思⑬之能达其浩浩；正人心，息邪说，距诐行，放淫辞⑭，未见其如孟子之长于知言而有以承三圣⑮也。

大道即将坠落，即使孔、孟出世，也不能回转天意而改变命运。然而圣贤难道会因为他身处这样的环境而荒废他的事业、放弃他的志向吗？孔子因颜渊的死亡而哭泣，为曾点的志趣而慨叹，这岂是精神桎梏于区区身躯中的人所能理解的！孔子周游列国时，沿途受到多人的冷嘲热讽，长沮、桀溺、楚狂接舆之辈，讥讽怠慢，这些是出现在《论语》中的情景。但若按照当时的情况，推测事理形势，孔子被侵凌欺辱，又岂止于此！孔子周游在宋、卫、陈、蔡之间，遇到过被人以伐木相威胁、绝粮于陈蔡之间的事，处于危险之中，然而他的行道之心，难道会因为这些而减弱吗？"文不在兹""期月而可"，这就是夫子的志向。"然而无有乎尔，则亦无有乎尔"，这就是孟子的志向，所以孟子说："当今天下，舍我其谁哉。"至于除去尹士、充虞对孟子的疑惑，其实孟子本人已经说得很详尽明了了。

从孟子到现在，已经有一千五百多年了，名儒众多，但只有荀子、扬雄、王通、韩愈特为翘楚，他们的思想影响一个时代，天下的人都归宗于他们，不止是朋党的私心。如果说到传承尧舜之道，延续孔孟正统，就不能仅仅是形似尧舜孔孟，一定要得其真传，天下万世公论，最终是不会有不公正的评价的。到了最近伊洛之间的诸位贤者，研道更为精深，讲道更为详尽，志向之专一，践行之笃实，汉唐以来所未有，他们的成就，可以说是很盛大了。然而同样是用江汉的水洗濯、在夏日的阳光下暴晒，却没有看到他们如同曾子一样笃信孔子洁白无瑕，把握圣人气象；同样是仁心诚挚、思虑幽深，却没有看到他们如同子思一样达到广阔浩大的境界，与天同德；同样是端正人心、消灭邪说、反对恶行、驳斥谬论，也没有看到他们如同孟子一样擅长知言，承接三圣。

| 简注 |

/

① 恸哭于颜渊之亡：颜渊，孔子的学生。事见《论语·先进》："颜渊死，子哭之恸。从者曰：'子恸矣。'曰：'有恸乎? 非夫人之为恸而谁为!'"

② 喟叹于曾点之志：曾点，孔子的学生。事见《论语·先进》："子路、曾晳（即曾点）、冉有、公西华侍坐。……（曾点）曰：'莫春者，春服既成，冠者五六人，童子六七人，浴乎沂，风乎舞雩，咏而归。'夫子喟然叹曰：'吾与点也!'"

③ 蕞（zuì）然：小貌。

④ "孔氏之辙环于天下"句：指孔子周游列国时，沿途受到多人的冷嘲热讽。

⑤ "伐木"二句：指孔子周游列国时，所遭受的困境与危难。伐木：事见司

马迁《史记·孔子世家》:"孔子去曹适宋,与弟子习礼大树下。宋司马桓魋欲杀孔子,拔其树。孔子去。"绝粮之事:《论语·卫灵公》记孔子"在陈绝粮,从者病,莫能兴"。另据《荀子·宥坐》载:"孔子南适楚,厄于陈蔡之间。七日不火食,藜羹不糁,弟子皆有饥色。"

⑥"文不在兹":《论语·子罕》:"子畏于匡,曰:'文王既没,文不在兹乎?'"孔子被匡地的民众所拘禁,便说:"周文王死了以后,前代的文化遗产不都在我这里吗?"

⑦"期月而可":《论语·子路》:"子曰:'苟有用我者,期月而已可也,三年有成。'"孔子说:"假若有人要我主持国家政事,一年初见成效,三年大见成效。"

⑧ 引自《孟子·尽心下》。孟子在这段话中,讲到从尧舜到商汤,从商汤到周文王,从周文王到孔子,分别经历了五百多年。从孔子到现在已经一百多年了,距圣人的时代不远,离圣人的家乡又这样近。孟子发表感叹说:"但是却没有能继承的人了,恐怕也不会再有能继承的人了。"

⑨ 引自《孟子·公孙丑下》。原文为:"夫天未欲平治天下也;如欲平治天下,当今之世,舍我其谁也?吾何为不豫哉?"上天不想让天下太平也就罢了,上天若想让天下太平,在当今世上,除了我还有谁能担当这个重任呢?我为什么不愉快呢?"

⑩ 尹士、充虞:人名。尹士,齐国人。充虞,孟子的弟子。孟子离开齐国,尹士、充虞对他有误解,孟子予以解释,使他们明白自己"以天下为己任"的胸襟。事见《孟子·公孙丑下》。

⑪ 荀、杨、王、韩:人名。荀:指荀子(约前313年—前238年),战国时期思想家,名况,亦称孙卿,赵国人。早年游学于齐,曾三度为稷下学宫祭

酒。《史记》以孟子、荀子二人合传，均为孔子的主要继承者。杨：指杨雄（前53年—18年），一作扬雄，西汉哲学家、文学家，字子云，成都人。推崇孔子，认为经莫大于《易》，传莫大于《论语》，乃拟《易》作《太玄》，拟《论语》作《法言》。王：指王通（580年—617年），隋代哲学家，字仲淹，河东郡龙门人，人称文中子。一生从事著述和聚徒讲学，以"明王道""学孔子"为己任，"有绍宣尼之公，吾不得而让也"（《中说·天地》）。站在儒家立场上，主张"三教（儒、道、释）可一"，即以儒为宗，兼采佛、道。著作现存《中说》。韩：指韩愈（768年—824年），唐文学家、哲学家，字退之，河南孟县人。其先世曾居昌黎，故自称郡望昌黎，世称韩昌黎。自幼刻苦学习，熟读儒家经典。贞元进士，历任刑部、吏部侍郎，御史大夫，卒谥"文"，故后人称韩文公。思想上尊儒反佛道，构造了儒家的"道统"以对抗佛教的"祖统"，强调儒家思想在时间上早于佛老，为华夏正统思想，说："尧以是传之舜，舜以是传之禹，禹以是传之汤，汤以是传之文、武、周公，文、武、周公传之孔子，孔子传之孟轲。"（《原道》）

⑫ 伊洛诸贤：伊，伊川。洛，洛水。伊洛诸贤指北宋时住近伊川洛水的儒家学者，有周敦颐、程颢、程颐等。

⑬ 子思（前483—前402年）：姓孔，名伋，孔子之孙。《史记·孔子世家》："孔子生鲤，字伯鱼。伯鱼生伋，字子思。""尝困于宋，子思作《中庸》。"战国初期思想家，在道统之传中，子思上承曾子，下启孟子，被尊为"述圣"。后世多以《中庸》为子思的著作，并称以子思与孟子为核心的学派为思孟学派。

⑭ "正人心"四句：出自《孟子·滕文公下》："我亦欲正人心，息邪说，距诐行，放淫辞，以承三圣者，岂好辩哉？予不得已也。能言距杨墨者，圣人之徒

也。"孟子说："我也想端正人心，消灭邪说，反对恶行，驳斥谬论，继承大禹、周公、孔子这三位大圣人的事业，我难道是喜欢辩论吗？实在是不得已啊！凡是能以言论来反对杨朱、墨翟学派的人，也就是圣人的门徒了。"

⑮ 三圣：指大禹、周公、孔子。

故道之不明，天下虽有美材厚德，而不能以自成自达。困于闻见之支离，穷年卒岁而无所主止。若其气质之不美，志念之不正，而假窃附会，蠹食蛆长①于经传文字之间者，何可胜道！方今熟烂败坏，如齐威、秦皇②之尸，诚有大学之志者，敢不少自强乎？于此有志，于此有勇，于此有立，然后能克己复礼③，逊志时敏④，真地中有山、"谦"⑤也。不然，则凡为谦逊者，亦徒为假窃缘饰，而其实崇私务胜而已。比有一辈，沉吟坚忍以师心，婉娈夸毗以媚世，朝四暮三以悦众狙，尤可恶也。不为此等所眩，则自求多福，何远之有？

道非难知，亦非难行，患人无志耳。及其有志，又患无真实师友，反相眩惑，则为可惜耳。凡今所以为汝言者，为此耳。蔽解惑去，此心此理，我固有之，所谓万物皆备于我，昔之圣贤先得我心之同然者耳，故曰"周公岂欺我哉"⑥？

（《陆九渊集》卷一）

所以道义不明，天下虽有材具美厚之人，也不能期望他们能够自己成为贤圣。被细碎支离的见闻所困扰，终年不知道去往何处、归止何所。如果气质材具不好，志愿心思不正，而在经传文字上假意附和，像蠹虫蛆虫啃食书本而长大，那真是一言难尽了！现在如此熟烂败坏，像齐桓公、秦始皇的尸体，如果有成就大学问的志向，又怎么敢不自强呢？在这一点上有志向，有勇气，强自树立，然后才能克制自己，使言语行动合乎礼义，谦逊好学，时时自我鞭策勉励，就如同《谦》卦的卦象地中有山。不是这样子的话，那么那些表现出谦逊的人，也不过是偷偷掩饰，实际上是尊崇私心追求胜利的人罢了。有一些人，深沉坚忍而自以为是，柔顺屈从以媚世俗，朝四暮三以悦众狙，真是尤为可恶了。不被这些迷惑，而自求多福，又有什么遥远的呢？

道并不难知，也不难行，问题在于人没有志向罢了。等到他有志向了，又患于没有真诚笃实的师友，反而和别人相互迷惑，这是非常可惜的。现在和你说这些话，为的就是这件事。疑惑解开了，遮蔽去除了，此心此理，是我本身就具有的，这就是所谓万物皆备于我，过去的圣贤只不过是先得到与我同样的心和理罢了，所以孟子说："周公难道会欺骗我吗？"

① 蠹食蛆长：蛀虫蛀食，蛆虫生长。比喻故书堆里讨生活，不知时务。

② 齐威：即战国时齐国国君齐威王，在位期间文治武功均有成就。威王还在临淄门外立稷下学宫，招纳各国学者、游士，极一时之盛。秦皇：即秦始皇嬴政，统一六国，创立了中国历史上首个大一统封建中央集权国家。

③ 克己复礼：克制自己，使言语行动都合乎礼。语出《论语·颜渊》："颜渊问仁，子曰：'克己复礼为仁。'"

④ 逊志时敏：谓谦虚好学，时自策励。语见《尚书·说命下》："惟学逊志，务时敏，厥修乃来。"

⑤ 谦：指《易》谦卦。《易·谦·象》："地中有山，谦。"谦卦具有恭敬合礼、屈己下人、退让而不自满等意义。

⑥ "周公岂欺我哉"：引自《孟子·滕文公上》。意为："周公难道会欺骗我吗？"


| **实践要点** |

陆九渊（1139年—1193年），字子静，抚州金溪（今江西省金溪县）人，南宋哲学家、官员，陆王心学的代表人物。因书斋名"存"，世称存斋先生，又因讲学于象山书院，被称为象山先生。陆九渊于宋孝宗乾道八年（1172年）进士及第，初调靖安主簿，历国子正。有感于靖康时事，便访勇士，商议恢复大略。曾上奏五事，遭给事中王信所驳，遂还乡讲学。绍熙二年（1191年），升知荆门军，甚有政绩。绍熙三年十二月（1193年1月）逝世，年五十四。嘉定十年（1217年），追谥"文安"。陆九渊为宋明心学的开山之祖，与朱熹齐名，主张

"心即理"说，言"宇宙便是吾心，吾心即是宇宙""学苟知道，六经皆我注脚"，上承孔孟，下启王阳明，形成"陆王学派"。

本篇为九渊教育侄孙而作，写于淳熙十六年（1189 年）秋。陆浚，陆九渊的侄孙。他是陆九渊长兄陆九思的嫡孙。陆九思共有 8 个儿子、16 个孙子、33 个曾孙，陆浚在其孙辈中行二，字深父，南宋太学毕业生，开禧末年（1207 年）曾佐宪使李珏平乱，有功，不久即登进士第，授饶州教授，官至国子监学正。此时，他正在太学学习，经常写信回家问安，汇报学业。故此，陆九渊回信予以点拨教导。

本篇针对陆浚不足之处，强调要"立志"和须有"真实师友"。立志，就要向孔子、孟子学习，在"道之将坠"的年代，孔、孟不畏艰险百折不挠，始终不废其业，不坠其志。要学习孔子的"文不在兹""期月而可"，要学习孟子的"当今天下，舍我其谁哉"。须有真实师友，就要像曾子、子思、孟子那样，"信其皭皭""肫肫其仁"，坚持原则，"以承三圣"来不得半点形似假借。最后，陆九渊告诫说："蔽解惑去，此心此理，我固有之，所谓万物皆备于我，昔之圣贤先得我心之所同然者耳。"这就引导陆浚上升到心学的高度来加深认识，所以陆九渊充满信心地引用孟子的话："周公岂欺我哉？"

# 方孝孺　家人箴

论治者常大天下而小一家。然政行乎天下者，世未尝乏；而教洽乎家人者，自昔以为难。岂小者固难而大者反易哉？盖骨肉之间，恩胜而礼不行，势近而法莫举。自非有德而躬化，发言制行有以信服乎人，则其难诚有甚于治民者。是以圣人之道必察乎物理，诚其念虑，以正其心，然后推之修身；身既修矣，然后推之齐家；家既可齐，而不优于为国与天下者无有也。故家人者，君子之所尽心，而治天下之准也，安可忽哉？余病乎德无以刑乎家，然念古之人自修有箴戒之义，因为箴以攻己缺，且与有志者共勉焉。

## | 今译 |

谈论治理国家的人常常认为天下是大事，而一家是小事。然而政令行于天下的，世代都不缺乏；而施教感化家人的，自古以来就认为难。难道是小的本来困难而大的反而容易吗？大概是骨肉至亲之间，恩情多而不能实行礼治，情势近而没法实行法治。除非自有道德而亲身感化，发言做事令人信服，那么，它的难度确实超过了治理人民。因此圣人之道必须考察事物的道理，精诚自己的思虑，端正自己的心意，然后推广到修身；身已经修了，然后推广到齐家；家已经齐了，但不善于治理国家天下的人是没有的。所以，家人，是君子尽心的地方，并且是治理天下的标准，怎么能忽视呢？我担忧自己的道德不能在家里成为示范，然而追思古代的人自我修身有箴戒之义，因此写箴来批评自己的不足，并且与有志者共勉。

### 正 伦

人有常伦，而汝不循，斯为匪人。天使之然，而汝舍旃①，斯为悖天。天乎汝弃，人乎汝异，曷不思邪？天以汝为人，而忍自绝，为禽兽之归邪？

### 重 祀

身乌乎生，祖考之遗；汝哺汝歠②，祖考之资。此而可忘，孰不可为？尚严享祀，式③敬且时。

### 谨 礼

纵肆怠忽，人喜其佚，孰知佚者，祸所自出。率礼无愆，人苦其难，孰知难者，所以为安。嗟时之人，惟佚之务，尊卑无节，上下失度。谓礼为伪，谓敬不足行，悖理越伦，卒取祸刑。逊让之性，天实锡汝，汝手汝足，能俯兴拜跪，曷为自贼，恣傲不恭人。或不汝诛，天宁汝容？彼有国与民，无礼犹败；矧予眇微，奚时弗戒？由道在己，岂诚难邪？敬兹天秩，以保室家。

## 务　学

无学之人，谓学为可后。苟为不学，流为禽兽。吾之所受，上帝之衷，学以明之，与天地通。尧舜之仁，颜孟之智，圣贤盛德，学焉则至。夫学，可以为圣贤、侔天地，而不学不免与禽兽同归。乌可不择所之乎？噫！

## 笃　行

位不若人，愧耻以求。行不合道，恬不加修。汝德之凉，侥幸高位，祇为贱辱，畴④汝之贵？孝弟乎家，义让乎乡，使汝无位，谁不汝臧⑤？古人之学，修己而已，未至圣贤，终身不止。是以其道硕大光明，化行邦国，万世作程。汝曷弗效，易自满足？无以过人，人宁汝服？及今尚少，不勇于为，迨其将老，虽悔何追？

|  今译  |

/

## 正　伦

人有固定的伦理，而你不遵，就是坏人。人伦由天而来，而你放弃，就是背天。既背天又逆人，为什么还不反思？天让你当人，而你忍心自绝于人，与禽兽同一归宿吗?

重 祀

生命来自祖先的遗留,饮食来自祖先的资产。这都可以忘记,那还有什么不能做的呢?严格地进行祭祀,恭敬并且按时。

谨 礼

放纵、懈怠、马虎,人们喜欢它的安逸,谁知安逸就是产生祸患的地方。循礼而没有过失,人们苦于它的困难,谁知困难才能保持安宁。叹息当代之人,只图安逸,尊卑没有礼节,上下没有规矩。认为礼是虚伪的,认为恭敬不值得实行,违背礼节,逾越辈分,最终招致祸罚。逊让的性情,天确实赐给了你,你的手,你的脚,能够实行拜跪等礼节,为什么要自戕天性,放肆骄傲,对人不恭敬。人们也许不杀你,天难道能容你?那些有国有民的人,无礼尚且要失败;况且我如此渺小,怎么能不谨慎戒惧?追求道义只在于自己,难道真的很难吗?恭敬地按上天安排的秩序办事,来保全自己的家庭。

务 学

没有学问的人,认为学习可以放在后面。可是如果不学习,就要变成禽兽。我所接受的,是上天降下的善,用学习来弄明白,就能与天地相通。尧舜的仁爱,颜渊孟子的智慧,圣贤的美德,学习了就会达到。学习可以成为圣贤、与天地并列,而不学习不免跟禽兽同一归宿。怎么可以不选择你的目标呢?哎!

笃 行

地位不如人家高,感到惭愧羞耻而去追求。行为不合乎道,却恬不知耻、不务自修。你的道德很差,侥幸登上高位,只是卑贱和耻辱,谁认为你尊贵?在家里实行孝悌，在乡里实行正义和谦让，即使你没有地位，谁不认为你好？古人的学习，修养自己罢了，没有达到圣贤的境界，就终身不停止。因此他的道正大光明，转变人心风俗，全国推行，成为万世的榜样。你为什么不效法，而容易自我满足？没有过人的地方，人们怎能服你？今天年纪还小，不勇敢地去做，等到了年老的时候，即使后悔，又有什么办法补救？

| 简注 |

/

① 旃（zhān）：之焉的合声，语气词。

② 歠（chuò）：饮。

③ 式：发语词。

④ 畴（chóu）：谁。

⑤ 臧（zāng）：善。

**自　省**

　　言恒患不能信，行恒患不能善，学恒患不能正，虑恒患不能远。改过患不能勇，临事患不能辨，制义患乎巽懦[1]，御人患乎刚褊。汝之所患，岂特此耶？夫焉可以不勉。

## 绝 私

厚己薄人，固为自私。厚人薄己，亦匪其宜。大公之道，物我同视，循道而行，安有彼此？亲而宜恶，爱之为偏；疏而有善，我何恶焉？爱恶无他，一裁以义，加以丝毫，则为人伪。天之恒理，各有当然，孰能无私，忘己顺天。

## 崇 畏

有所畏者，其家必齐；无所畏者，必怠而睽。严厥父兄，相率以听，小大祗肃，靡敢骄横。于道为顺，顺足致和，始若难能，其美实多。人各自贤，纵私殖利，不一其心，祸败立至。君子崇畏，畏心畏天，畏己有过，畏人之言。所畏者多，故卒安肆，小人不然，终履忧畏。汝今奚择，以保其身？无谓无伤，陷于小人。

## 惩 忿

人言相忤，遽愠以怒，汝之怒人，彼宁不恶？恶能兴祸，怒实招之，当忿之发，宜忍以思。彼言诚当，虽忤为益，忤我何伤？适见其直。言而不当，乃彼之狂，狂而能容，我道之光。君子之怒，审乎义理，不深责人，以厚处己，故无怨恶，身名不隳。轻忿易忤，小人之为，人之所慕，实在君子，考其所由，君子鲜矣。言出乎汝，乌可自为？以道制欲，毋纵汝私。

## 戒惰

惟古之人，既为圣贤，犹不敢息。嗟今之人，安于卑陋，自以为德。舒舒其学，肆肆其行，日月迈矣，将何成名？昔有未至，人闵汝少，壮不自强，忽其既耄。於乎汝乎！进乎止乎？天实望汝，云何而忍无闻以没齿乎？

| 今译 |

### 自省

说话经常担心不够诚信，行为经常担心不能为善，学问经常担心不能端正，思虑经常担心不能久远。改过担心不能勇敢，临事担心不能分辨是非，品行担心懦弱，管理别人担心刚愎自用。你所担心的，难道只是这些吗？怎么可以不勉励。

### 绝私

厚己薄人，固然是自私。厚人薄己，也不合适。大公之道，对物对我应同样看待，按照道来办事，哪里有什么彼此？亲近的人有恶行，爱他就是偏袒；疏远的人有善行，那我为什么要憎恶他呢？爱恶持平，一律按照道义来裁决，有丝毫的偏向，就是人为的造作。天的常理，各有所当，谁能无私，忘记自己，顺从上天？

## 崇 畏

有所敬畏的，必定家庭和乐；无所敬畏的，必定懈怠背理。父兄严厉，大家都听话，小事大事都敬肃，没有人敢骄横。顺应于道，就能导致和睦，开始时似乎很难办到，但其中的美好确实很多。人们各自认为自己贤能，放纵私欲，聚敛财富，心志不齐，祸败马上就到。君子崇敬畏惧，敬畏心，敬畏天，敬畏自己的过错，敬畏别人的言论。所敬畏的多，最终就可以得到安宁，小人不然，最终会走上忧畏的道路。你今天选择什么，来保全自身？不要说没关系，自陷于小人。

## 惩 忿

别人的话触犯了自己，很快就恼怒了，你对人发怒，他难道不憎恶？憎恶能带来灾祸，实在是由你发怒招来的，当发怒的时候，应该忍耐和思考。他的话如果真的恰当，虽然触犯了你，也是有益的，触犯我又有什么妨碍呢？这恰可看出他的直率。如果说得不恰当，那是他的狂妄，面对他的狂妄能够容忍，那是我所秉持的道义的光荣。君子的怒，合乎义理，宽以待人，严以律己，所以无怨无恶，身体和名声都不会毁坏。轻易发怒，与人不合，那是小人的作为，人们所仰慕的，实在是君子，考察其原因，君子太少了啊。话是从你嘴里说出来的，怎么能任由自己随便作为？要用道义来控制欲望，不要放纵你的私心。

## 戒 惰

古代的人，已经成为圣贤，还不敢停息。叹息今天的人，安于浅陋，自以为是好品德。散漫地学习，放肆地行动，日月过去了，将要怎样成就名声呢？从前没有做到，人家可怜你年少，成年还不自强，转眼就老了。你呀，是前进还是停止？天在看着你，怎么能够一辈子默默无闻呢？

① 制义：疑为"制行"之误。"制行"，即德行。巽（xùn）懦：懦弱。

## 审 听

听言之法，平心易气，既究其详，当察其意。善也吾从，否也舍之，勿轻于信，勿逆①于疑。近习小夫，闺阁孆女，为谗为佞，类不足取。不幸听之，为患实深，宜力拒绝，杜其邪心。世之昏庸，多惑乎此，人告以善，反谓非是。家国之亡，匪天伊人，尚审尔听，以正厥身。

## 谨 习

引卑趋高，岁月勚劳；习乎污下，不日而化。惟重惟默，守身之则；惟诈惟佻，致患之招②。嗟嗟小子，以患为美，侧媚倾邪，矫饰诞诡。告以礼义，谓人己欺，安于不善，莫觉其非。彼之不善，为徒孔多，惧其化汝，不慎如何！

## 择 术

古之为家者，汲汲于礼义，礼义可求而得，守之无不利也。今之为家者，汲汲于财利，财利求未必得，而有之不足恃也。舍可得而不求，求其不足恃者，而以不得为忧。咄嗟乎若人，吾于汝也奚尤！

## 虑 远

无先己利，而后天下之虑；无重外物，而忘天爵③
之贵。无以耳目之娱，而为腹心之蠹；无苟一时之安，
而招终身之累。难操而易纵者，情也；难完而易毁者，
名也。贫贱而不可无者，志节之贞也；富贵而不可有者，
意气之盈也。

## 慎 言

义所当出，默也为失；非所宜言，言也为愆。愆失
奚自？不学所致。二者孰得？宁过于默。圣于乡党，言
若不能，作法万年，世守为经。多言违道，适贻身害，
不忍须臾，为祸为败。莫大之恶，一语可成，小愆弗
思，罪如丘陵。造怨兴戎，招尤速咎，孰为之端？鲜
不自口。是以吉人，必寡其辞。捷给便佞，鄙夫之为。
汝今欲言，先质乎理，于理或乖，慎弗启齿。当言则
发，无纵诞诡，匪善曷陈，匪义曷谋？善言取辱，则非
汝羞。

（《方孝孺集》卷一）

/

### 审 听

听人说话的方法，是平心静气，既查究事情原委，还应考察他的意图。善的我听从，恶的我舍弃，不要轻信，不要预先猜疑。亲近左右的小厮，闺阁中被宠爱的婢妾，谗言佞语，概不足取。不幸听他们的，为害实在很深，应该尽力拒绝，杜绝他们的邪心。世上昏庸的人，多被他们迷惑，人家告诉你的是善，你反而认为不是。家庭和国家的灭亡，不是由天，而是由人决定的，请你谨慎听人说话，以使自身端正。

### 谨 习

从低处往高处走，整年都很劳苦；习惯处在污下之地，没几天就变了。庄重、沉默，是守身的准则；奸诈、轻佻，是招来祸患的靶子。那些小子，把祸患当作美事，用不正当的手段讨好人，狡诈做作，怪诞奇异。告诉他们礼义，反而认为是在欺骗自己，安于不善，不觉得有什么不对。他们这样的，人数不少，害怕他们同化了你，怎能不谨慎？

### 择 术

古代管理家庭的人，对礼义很急切，礼义可求而得，持守礼义就没有不利的事。今天管理家庭的人，对财利很急切，财利追求也不一定得到，有了也不值得依靠。舍掉可得到的东西而不追求，追求不值得依靠的东西，又为得不到而犯愁。哎！这样的人啊，我对你还能要求什么呢？

## 虑　远

不要先考虑自己的利益而后考虑天下的利益，不要重视外物而忘了天爵的宝贵。不要因为耳目的娱乐而成为心腹的蛀虫，不要贪图一时的安宁而招来终身的牵累。难以掌握而容易放纵的，是感情；难以完满而容易毁掉的，是名誉。贫贱的时候也不可以没有的，是坚贞的志节；富贵的时候也不可以有的，是洋洋的意气。

## 慎　言

根据道义应该说话时，沉默就是过失；不应该说话时，说话就是过失。过失从哪里产生？不学所致。两者哪个更好？宁可过失在沉默。圣人孔子在乡里，像是不善于说话的人，制定了可实行万年的法则，世世代代当作经典。多言而违背道义，恰恰给自身带来害处，不忍一时，就会招来祸败。最大的罪恶，一句话就可以造成，有小怒而不加反思，就有可能罪如丘陵。产生怨恨，兴起战争，招来过失，速得罪咎，哪个是产生的原因？很少不是来自言语的过失。因此善人，必定寡言少语。应对敏捷，口齿伶俐，花言巧语，阿谀奉迎，是鄙陋浅薄的人干的事情。你现在说话，要先考虑合不合理，如果违背正理，那么千万不要启齿。该说的就说，不要怪诞奇异，如果不是善的，为什么要说呢？不合乎道义的，为什么要谋划呢？说善言而招来侮辱，不是你的羞耻。

| 简注 |

/

① 逆：预先猜度。

② 招：靶子。

③ 天爵：古称不居官位，因德高而受人尊敬者，如受天然的爵位。《孟子·告子上》："仁义忠信，乐善不倦，此天爵也；公卿大夫，此人爵也。"

## | 实践要点 |

方孝孺（1357 年—1402 年），字希直，一字希古，浙江宁海人。明代大儒，思想家，理学家，建文帝（1399 年—1402 年）在位时期重臣。靖难之役后，建文帝败亡，方孝孺因拒绝与朱棣合作、而被朱棣"诛十族"，以身殉节，为后世所称颂。明末大儒黄宗羲将方孝孺列于《明儒学案》的卷首，并这样评价孝孺的为人为学："先生禀绝世之资，慨焉以斯文自任。……既而时命不偶，遂以九死成就一个是，完天下万世之责。其扶持世教，信乎不愧千秋正学者也。"

《家人箴》是方孝孺为家族之人所作的规劝之言，其主要内容为劝诫家族中人勤勉自持、相敬相亲、敬重祖先、与人为善，风格平实，义理中正。方孝孺德行光正，其文亦影响深远，泽被后世，借助写箴来批评自己的不足，对家族之人进行规劝，并且与有志者共勉。《家人箴》重视伦理纲常，注重个人品德修养，句句在理。

"无先己私，而后天下之虑；无重外物，而忘天爵之贵。"这告诉我们不能只重视眼前利益，需要注重长远利益；不能只重视功名利禄，需要尽心为百姓做事。简单通俗的语句蕴含丰富的哲理，虽然其中有些内容需要放到特定时代去理解，但在现代对人的品德培养仍具有相当的借鉴意义。

# 霍韬　蒙规

　　家之兴由子弟之贤，子弟之贤由乎蒙养。蒙养以正，岂曰保家，亦以作圣。叙蒙规三篇，第十二。

## 蒙规一

　　童蒙以养心为本，心正则聪明。故能正其心，虽愚必明，虽塞必聪；不能正其心，虽明必愚，虽聪必塞。正心之极，聪明天出，士而贤，贤而圣，虽资下愚，亦为善士。曰：养心有要乎？曰：有。其目在下：

　　头容直。勿倾听，勿侧视。

　　口容止。勿露齿，勿喧笑。

　　手容恭。勿散手，勿掉臂。

　　足容重。勿疾行，勿跷股。

　　貌必肃。谓见于面者勿懈惰。

　　容必庄。谓见于身者勿放肆。

　　气必纾。应对须和柔，勿急遽仓皇。

　　色必温。勿暴厉。

　　视必端。勿回顾侧视，非礼勿视。

听必谨。勿听戏言，勿听淫语，勿听歌曲。

言必慎。勿出恶声，勿出秽语，勿言怪异，勿戏，勿欺。

动必畏。举足、动手、开目、出语，俱要畏慎。

坐必正。勿倚他物，竦肩直坐，自然不倦。

立必中。勿跛倚，勿俯首，勿仰面。

行必安。勿疾行，勿蹶步，勿先长。

寝必恪。勿伏睡，勿裸体，勿晏起，勿昼卧。

规曰：头口手足，身之物也；貌容气色，身之章也；视听言动，坐立行寝，身之用也；统会之者，心也。道之所以流行，天命之所以於穆不已也①。童蒙习之持之，悠久不息焉。不识不知，顺帝之则也。下学上达，圣人也。故曰蒙以养正，圣功也②。程子③曰，聪明睿知，皆由此出。

| 今译 |

家族的兴盛依靠子孙后代的良好品行，子孙后代良好品行的培养需要儿童教育。正确的儿童教育，不只可以保住家业，甚至可以培养出圣人。所以我写下蒙规三篇，作为本书的第十二卷。

蒙规一

儿童教育要以养心为本，内心正直就会聪明。所以只要能正心，即使愚笨也会变得聪慧，即使闭塞也会变得开明；不能正心，虽然聪明也会变得愚蠢，虽然开明也会变得闭塞。正心到了极点，聪明就会自然而然出来，士人变成贤人，贤人变成圣人，即便天资下等愚笨，也能成为善人。问：养心有要点吗？答：有。要点如下：

头要正直。不能侧耳倾听，不能侧目斜视。

口要克制。不能露出牙齿，不能放肆大笑。

手要恭敬。不能散开双手，不能乱挥手臂。

脚要稳重。不能快跑，不能跷腿。

貌要严肃。脸上不能有慵懒散漫的表情。

容要庄严。全身不能有无规无矩的放肆表现。

气息要宽舒。回答要柔和，不能匆忙慌张。

神态一定要温和。不能暴躁愤怒。

看一定要端正。不能回头左右乱看，不看不合礼仪的事物。

听一定要谨慎。不能听开玩笑的大话，不能听淫秽下流的话语，不能听奢华腐朽的乐曲。

说话一定要慎重。不能说别人的坏话，不能口出污言秽语，不要讲奇怪荒诞的事，不能胡说大话，不能说欺人的谎话。

动作一定要敬畏。举腿、动手、睁眼、出语，都要谨慎考虑清楚。

坐姿一定要端正。不能倚靠其他的东西，伸张肩膀笔直坐着，自然不会疲倦。

站立一定要挺拔。不能偏倚，不能低头，不能仰脸。

行走一定要安分。不能快跑，不能跳着走，不能走在长辈前面。

睡觉一定要规矩。不能趴着睡觉，不能光着身体，不能晚起，不能白天睡觉。

规矩说：头嘴手脚，是身体的东西；容貌气色，是身体的表现；看听说动，坐站走睡，是身体的功用；统汇这些的，就是心了。这就是道的流行，天命的深远不息。儿童持续练习，就能悠久不息。没有多少知识，却能顺应天则。在下处学，向上处达，渐渐成为圣人。所以说养蒙以正，为成圣之功。程子说，聪明睿智，都由此而来。

## │ 简注 │

① 天命之所以於穆不已也：上天所赋予人的命运，幽远深邃、永不停息。穆：深远。语出《诗经·周颂·维天之命》："维天之命，於穆不已。於乎不显，文王之德之纯。"

② 蒙以养正，圣功也：此句出自《周易·蒙卦·象传》，意思是养蒙以正，乃成至圣之功。

③ 程子：指北宋理学家程颐或程颢。

## 蒙规二

一曰孝亲。凡人家于童子，始能行能言，晨朝即引至尊长寝所，教之问曰："尊长兴否何如？昨日冷暖何如？"习成自然。迨入小学，教师于童子晨揖分班立定，细问定省之礼何如。有不能行，先于守礼之家倡率之。童子良知未丧，最易教导。此行仁之端也。

二曰弟长。凡人家于童子始能行能言，凡坐必教之让坐，食必教之让食，行必教之让行。晨朝见尊长，即肃揖，应对唯诺，教之详缓敬谨。自幼习之，亦如自然。迨入小学，不别贫富贵贱，坐立行俱以齿。晨揖分班立定，必问在家在道见尊长礼节何如。有不能行，敦切喻之，先于守礼之家倡率之。此由义之端也。

三曰尊师。凡人家于童子始能行能言，遇有大宾盛服至者，教之出揖，暂立左右，语之曰："此先生也，能教人守礼，可敬也。"由幼稺即启发其严畏之心。迨入小学，易于尊师。为师者晨日礼服，与诸生肃揖后，言动视听，容貌气色，敦切晓诲，使之勉勉循循，动由矩度。此严恭谨畏之所由起，而动容周旋中礼之基也。

四曰敬友。凡童子始能言能行，教之勿与群儿戏狎，晨朝相见，必教相向肃揖。迨入小学，必教之相叙以齿。相观为善，更相敬惮。勿相聚戏言，勿戏笑，勿戏动。善则相学，恶则相讳。勿相诽诘，勿相夸竞。古人于朋友所益不小，今人于朋友所损不小。由童穉教之，所以养存正性，遏人欲扩天理之基也。故不曰亲友而曰敬友云。

规曰：孝亲，仁之始也；弟长，礼之恒也；尊师，义之则也；敬友，智之文也。仁义礼智，心之畜也，童子习之，所以正心也。鸢飞鱼跃①，活泼之妙也。故曰：道也者，不可须臾离也，可离非道也②。吾无行而不与二三子者也③。又曰：蒙以养正，圣功也。

| 今译 |

蒙规二

一是孝敬父母。凡是家族中的孩童，开始能行走讲话的时候，早晨就要引到尊长的卧室，教他问候："尊长早上好吗？昨天晚上睡得可舒服？"让这种习惯成为自然。等到进入小学，教师在儿童早晨行礼分班站立定时，仔细询问有没有早晚向父母问安。有做不到的，先在守礼的人家倡导。小孩子没有丧失良知，是最容易教导的。这就是仁的发端。

二是尊敬长辈。凡是家族中的孩童，开始能行走讲话的时候，坐一定要教他坐的规矩，吃一定要教他吃的规矩，行一定要教他行的规矩。早晨拜见尊长，要恭敬拱手问好，回答尊长语气要卑恭顺从，教育他要详缓敬谨。从小让他学习，成为自然的行为。等到进入小学，不分贫富贵贱，坐、站、走都要按年纪排列。早晨行礼分班站立定时，一定要问在家里和路上看见长辈有没有遵守礼节问候。有做不到的，恳切开导，先在守礼的人家施行。这就是义的发端。

三是尊重师长。凡是家族中的孩童，开始能行走讲话的时候，遇有贵宾盛装来访的，教他出来拱手行礼，站立在左右，对他说："这是先生，是教人守礼的，要尊敬他。"从幼年开始就启发他的敬畏之心。等到进入小学，就容易做到尊重老师。老师每天早晨穿着礼服，与学生们恭敬拱手后，言行视听，容貌气色，敦切教育，使学生严谨规矩，合乎规范。这是严恭谨畏的根由，仪容举止合乎礼仪的根基。

四是敬重朋友。凡是家族中的孩童，开始能行走讲话的时候，教他不要和小孩嬉戏，早晨见面，必须教育他相对拱手问候。等到进入小学，一定要教他们按年岁大小排列，取长补短，互相敬畏。不要群聚戏言，不要戏笑，不要戏动。学习善处，避开过恶。不要互相指责诘问，不要互相夸耀竞争。古人在朋友中获益不小，今人在朋友中受损不小。从儿童稚嫩的时候就开始教育，能够养存正性，这是遏制私欲、扩张天理的基础。所以不说亲近朋友而是说敬重朋友。

规矩说：孝敬父母，是仁的起点；尊敬长辈，是礼的内容；尊重老师，是义的法则；敬重朋友，是智的表现。仁、义、礼、智，是心灵的蓄积，儿童学习它，可以正心。鸢飞鱼跃，有活泼泼的妙处。所以说：道，一刻都不能分离，可以分离的就不是道了。我没什么不是同你们一起做的。又说：养蒙以正，是成圣之功啊。

/

① 鸢（yuān）飞鱼跃：鹰在天空飞翔，鱼在水中腾跃。语本《诗经·大雅·旱麓》："鸢飞戾天，鱼跃于渊。"比喻万物任其天性而动，各得其所。

②"道也者"一句：语出《礼记·中庸》。

③ 吾无行而不与二三子者：我没什么不是同你们一起做的。语出《论语·述而》，是孔子对弟子说的话，朱熹解释说："圣人作、止、语、默，无非教也。"意思是圣人的起居动静日用常行都是在对门人施教。

**蒙规三**

一曰诵读。凡训童蒙，始教之口诵，次教之认字，次教之意识。口诵即教之遍数，使勉勤精熟。认字，教之先其易者，如先认一字，次认二字，先认人字，次认天字之类。意识，即教之就其所知者启之，如孝即事亲之谓、弟即事长之谓之类。行步拱揖，皆有至理。起居食息，天命流行。孔子之申申夭夭①，周旋中礼，只在日用常行之间而已。初学便须告之曰：即此便是圣学工夫，使之心思意识，日长日化。勿强其所未识，要优游渐渍，虽愚可明。

二曰字画。凡童子习字，不论工拙，须正容端坐，直笔楷书。一竖可觇人之立身，勿偏勿倚。一画可觇人之处事，勿枵②勿斜。一丿乀，如人之举手，一挑剔，如人之举足，须庄重。一点须，如乌获之置万钧③，疏密毫发不可易；一绕缴④，如常山蛇势⑤，宽缓整肃而有壮气。以此习字，便是存心工夫。字画劲弱，由人手熟神会，不可勉强取效。明道⑥云，非欲字好，即此是学。

三曰咏歌。凡童子十岁以上，每日寅至卯⑦诵书，辰至巳上五刻习字，巳下五刻至午上五刻歌诗，未至酉诵书。凡歌诗，须五人一班，歌诗三章，俱歌正雅正风⑧。第一班歌，则其余俱端坐肃听，由二班三班，歌遍即止。歌者出位拱立，听者居住拱肃。命十五以上童生二人纠不如仪者，初犯诲之，再犯罚出位拱立，三犯罚跪，四犯斥出。十岁以下，听而不歌。十八以上，朔望大合歌乃歌。朔望合歌，十八以上一班，十五以上一班，十三以上一班，十岁以上一班，歌遍即止。俗有作诗作对者，每十日以五日习之，余五日歌诗。盖歌咏所以启发志意，流动精神，养其声音，宣其湮郁，荡涤其忿戾之气，培植其中和之德。习之熟，积之久，气质潜消默化，有莫知其所以然者。

四曰习礼。凡人家童子始能行能言，尊者朔望谒祠堂，或谒寝室，引童子旁立，使观尊者拜揖之节，然后渐教随班后拜。又教以古人坐法。迨入小学，朔望悬孔圣像，教师帅诸生四拜。选值班二人，纠考不如仪者，罚诵书一百字。童子十岁以下，日巳刻，教之学古人坐法，使知古人收敛身心之要。十岁以上十五岁以下，日班分二人习洒扫。凡应对须和适，唯诺须肃敬，进退须谨慎。十五以上，每月朔二日、望十六日，习冠礼⑨、婚礼、祭礼、射礼⑩，丧礼年终一习，以孤子为丧主，暇日讲明可也。童子于礼，由幼而习，以至于冠，步趋食息，皆囿范围。由非僻之心不能投间而入，中和之德日益纯固，资虽下愚，亦可以寡过矣。

规曰：诵读，所以致知也；字画、咏歌、习礼，所以游艺也。致知也者，开明心者也；游艺也者，存养心者也。童而习之，长而安之，勿助勿忘⑪之妙也。孔子曰，吾无行而不与二三子也。蒙以养正，圣功也。

（《霍渭崖家训》）

## 蒙规三

一是诵读。凡是训教儿童的，开始就要教他背诵，其次教他认字，最后教他道理。背诵是教他多读几遍，勤勉精熟。识字，教他从容易的开始，如先认一个字，再认两个字，先认人字，再认天字之类。道理，就是教育他从他所知道的来启发他，如孝就是事奉双亲的意思、弟就是事奉兄长的意思之类。走路拱手作揖，都有至理。起居吃饭休息，都是天命流行。孔子舒畅和乐，举止合礼，只在日用常行之间而已。开始学就要告诉他说：这就是圣贤学问功夫，使他的心思意念，每天都有进步变化。不要强制他去学还不认识的道理，要在从容优游中逐渐浸入，虽然愚笨也可以变得聪慧。

二是字画。儿童习字，不论好坏，一定要正容端坐，笔直书写楷书。一竖可以观察人的为人，不要偏斜也不要倚靠。一画可以窥知人的处世，不要空洞也不要歪斜。一撇一捺，就像人举手，一挑一剔，就像人抬脚，要庄重。一点须，要书写平稳，疏密丝毫不能改变；一绕缴，要书写连贯，宽缓整肃而气势壮阔。这样来写字，就是存养内心的工夫。字画强劲弱浅，在于手法熟练心神意会，不可勉强取得成效。程颢说，（写字）不是为了把字写得好，写字本身便是学问。

三是歌颂。孩子十岁以上，每天要早起读书，然后习字，中午唱诗，然后读书。凡歌诗，需要五个人一班，歌诗三首，一起歌唱正雅正风。第一班歌颂，其他人都要端坐严肃认真听，轮到二班三班，直到诗歌歌颂完就可以停止。歌颂的人要拱手站出来，听的人端正坐着肃静听。让十五岁以上学生二人纠正不合礼仪的人，初犯就教诲，第二次犯就罚出来拱手站立，三次犯就罚下跪，四次犯就罚赶出。十岁以下，只听不唱。十八岁以上，只在朔日、望日的时候大合唱。朔日、望日合唱时，十八岁以上一班，十五岁以上一班，十三岁以上一班，十岁以上一班，诗歌唱遍就可以停止。民间有写诗作对的，每十天用五天练习，剩下五天唱诗。歌唱是为了启发志意，抖擞精神，培养声音，疏通阻塞的情绪，清除愤恨的心情，培植中和的德性。练习熟了，积累久了，便能在不知不觉中变化气质。

四是学习礼仪。凡是家族中的孩童，开始能行走讲话的时候，长辈初一、十五拜谒供奉祖先的祠堂，或者去拜访长辈居住的处所，要引导孩子在旁边端正站立，让他观看长辈的礼节，然后慢慢教导他跟随在人群后面拜谒。又教育他古人的坐姿。等到进入小学，朔日、望日在孔子塑像前，教师带领学生四拜。选值班二人，纠正考察不合礼仪的人，惩罚诵书一百字。十岁以下儿童，巳时教他学习古人的坐法，让他知道古人收敛身心的关键。十岁以上十五岁以下，每日班分二人打扫卫生。回答他人时要温和得当，应对长辈时要严肃敬重，习礼进退时要谨慎小心。十五岁以上，每月初二、十六这两天，练习冠礼、婚礼、祭礼、射礼、丧礼，年终时练习一次，以孤儿为丧主，讲明白就可以了。儿童的礼仪规范，要从小就学习，直到成年，走路吃饭休息，都不出其范围。邪僻的心不能趁机渗入，中和之德日益纯正，即便天资愚笨，也能减少过错。

规矩说：读书，是致知；字画、颂歌、习礼，是学艺。获取知识，开明心智；学习艺术，存养心灵。从小练习，长大便能安处其中，既不会忘记，也不会助长。孔子说，我没有什么不是和你们一起做的。养蒙以正，真是成圣之功啊。

# | 简注 |

① 申申夭夭：语出《论语·述而》："子之燕居，申申如也，夭夭如也。"

② 枵（xiāo）：中心空虚的树根，形容空虚。

③ 乌获之置万钧：乌获安置万钧。指书写非常平稳，位置丝毫不差。乌获，古代力士。钧，古代重量单位，三十斤为一钧。

④ 绕缴：书法用笔的一种，即乚。

⑤ 常山蛇势：据说常山之蛇，击之首尾相应，古代兵法有常山阵。指书写笔画连贯。

⑥ 明道：即宋代理学家程颢。

⑦ 寅至卯：古时将一昼夜按地支分成 12 个时辰，23 点至 1 点为子时，1 点至 3 点为丑时，3 点至 5 点为寅时，5 点至 7 点为卯时，7 点至 9 点为辰时，9 点至 11 点为巳时，11 点至 13 点为午时，13 点至 15 点为未时，15 点至 17 点为申时，17 点至 19 点为酉时，19 点至 21 点为戌时，21 点至 23 点为亥时。

⑧ 正雅正风：指端正严肃的歌。"雅""风"为《诗经》的两个部分，此外还有"颂"。

⑨ 冠礼：古代礼节之一，男子二十岁而行冠礼，表示成人。

⑩ 射礼：射箭在古代为男子之事，举行祭祀及天子接见诸侯等活动，都要射箭，活动性质不同，仪式也不同，统称射礼。

⑪ 勿助勿忘：语出《孟子·公孙丑上》："必有事焉而勿正，心勿忘，勿助长也。"

| 霍韬 蒙规 |

267

## 实践要点

霍韬（1487 年—1540 年），字渭先，号兀崖，广州府南海县（今广东省佛山市）人。霍韬平生勤奋上进，广博多学，文人学士多称他为渭崖先生。正德九年进士，嘉靖十五年官至礼部尚书、太子少保，嘉靖十九年在京暴病逝世，享年54 岁。追封为太师太保，谥文敏。霍韬学博才高，著作有《明良集》《明诏制》《兀崖西汉书议》《渭崖文集》等。《明史》有传。

霍韬出身于庶民家族，正德二年（1507 年），弱冠之年的霍韬主持家业，始制订《霍渭崖家训》，全书共十四篇，分别是田圃、仓厢、货殖、赋役、衣布、酒醋、膳食、冠婚、丧祭、器用、子侄、蒙规、汇训上、汇训下。其中《蒙规》的篇幅最大，论述最详，具体规定了儿童教育的三方面内容。第一篇，强调"以养心为本，心正则聪明"，提出养心的关键要点，即对童蒙的言行举止的规定，严格地规定了"头容直、口容止、手容恭、足容重"等十六条仪容标准。第二篇，对童蒙的道德修养规定为"孝亲、弟长、尊师、敬友"四条，并详细叙述了培育之方。第三篇，对童蒙的学习方法做了规定，即"诵读、字画、咏歌、习礼"四条。纵观霍韬的《蒙规》，内容皆从童蒙的实际情况出发，总结前人教育经验，重点在思想品德，主张从小对子孙进行日常行为规范教育，在潜移默化中逐渐培养他们形成良好的生活与学习习惯，以促进个人成长和家族兴旺。

霍韬言："家之兴由子弟多贤，子弟之贤由乎蒙养。蒙养以正，岂曰保家，亦以作圣。"他认为端正蒙规、重视家教是家业兴旺和圣人兴起的基础，治家的根本问题在于培养子孙，家族的兴盛要依靠子孙后辈的良好品行，而子孙后代的良好品行需要儿童教育，童蒙时期的教育基础打好了，一路上行，小者可以涉足仕途，继承家族事业，大者可以成为一代圣人，光耀门庭。霍韬所著的《渭崖家训》强调"蒙以养正"，核心思想是"保家"，实为治家良训。在霍韬的教育之下，四子均颖悟过人，其中三人考中举人，一人为进士。

# 高攀龙　家训二十一条

　　吾人立身天地间，只思量作得一个人，是第一义。余事都没有要紧。作人的道理，不必多言，只看《小学》，便是依此作，岂有差失？从古聪明睿知，圣贤豪杰，只于此见得透，下手早，所以其人千古万古，不可磨灭。闻此言不信，便是凡愚，所闻宜猛省。

　　作好人，觉得眼前不便宜，总算来是大便宜。作不好人，眼前觉得便宜，总算来是大不便宜。千古以来，成败昭然，如何迷人尚不觉悟，真是可哀。吾为子孙，发此真切诚恳之语，不可草草看过。

　　吾儒学问主于经世，故圣贤教人莫先穷理。道理不明，有不知不觉堕入小人之归者，可畏。穷理虽多方，要在读书亲贤。《小学》《近思录》、四书五经、周程张朱语录、《性理纲目》，所当读之书也。知人之要，在其中矣。

　　取人要知圣人取狂狷①之意。狂狷皆与世俗不相入，然可以入道。若恶此等人，便不是好消息。所与皆庸俗人已，未有不入庸俗者。出而用世便与小人相匿，与君子为仇，最是大利害处，不可轻看。吾见天下人，坐此病甚多，以此知圣人是万世法眼<sup>②</sup>。

不可专取人之才，当以忠信为本，自古君子为小人所惑，皆是取其才，小人未有无才者。

以孝弟为本，以忠义为主，以廉洁为先，以诚实为要。临时让人一步，自有余地；临财放宽一分，自有余味。

善须是积，今日积，明日积，积小便大。一念之差，一言之差，一事之差，有因而丧身亡家者，岂不可畏也？

| 今译 |

我们生活在人世间，只想着怎样做一个人，这是最重要的事情。其他事情都是次要的。做人的道理，不必多说，只要看看《小学》这本书就知道了，照这样去做，难道还会有什么差错？自古以来聪明睿智、圣贤豪杰，对这些都看得透彻，做得也早，所以他们能名垂千古，永不泯灭。听到这些还不相信，便是平庸、愚笨的人，应该猛然醒悟过来。

做一个好人，从眼前利益来看，没有什么好处，但从长远的观点来看，却是占了大便宜。做一个不好的人，眼前来看，可以得到一些好处，长远来看却要吃大亏。自古以来，成功、失败都非常明显，为什么有些人还执迷不悟，真是可悲！我为了子孙，说出这些真切诚恳的话，千万不要草草看过、随便对待。

我们儒家学问在于经纬世事，所以圣贤教人莫过于先穷理。道理不明白，会不知不觉堕落到小人一类当中，实在可怕。穷理虽然有很多方法，但最关键的在于读书亲贤。《小学》《近思录》、四书五经、周程张朱语录、《性理纲目》，都是应读之书。了解人的关键，就在其中。

择人要知道圣人肯定狂狷的意义。狂狷都和世俗意见不相符合，然而可以入道。如果讨厌这种人，就不是好消息。所交往的都是俗人，没有自己不变得庸俗的。出来做官便和小人互相掩藏对方的丑恶，和君子为敌，最是关键的地方，不可小看。我看天下人，有这种毛病的很多，由此知道圣人是独具慧眼的。

选用人才不能仅凭能力，应当把忠实诚信作为根本，自古君子被小人迷惑，都是因为只看重他的才能，小人没有没才能的。

以尊敬父母敬爱兄长为本，以忠义为主，以廉洁为先，以诚实为要。遇事让人一步，自有余地；面对财物放宽一分，自有余味。

善需要积累，今天积累，明天积累，积少成多。一念之差，一句话之差，一件事之差，有因此而丧失性命家破人亡的人，难道不值得畏惧吗？

| 简注 |

① 狂狷：语出《论语·子路》："子曰：'不得中行而与之，必也狂狷乎！狂者进取，狷者有所不为也。'"《孟子·尽心下》："孔子不得中道而与之，必也狂狷

乎! 狂者进取, 狷者有所不为也。"孔孟认为狂、狷这两种人都不合于中道, 但狂者能进取于善道, 狷者能守节无为, 都可以入道, 与他们相处, 胜于与庸俗者和小人交往。

② 万世法眼: 佛教语, 借指卓越精深的眼力。

> 爱人者, 人恒爱之。敬人者, 人恒敬之。我恶人, 人亦恶我。我慢人, 人亦慢我。此感应自然之理, 切不可结怨于人。
>
> 结怨于人, 譬如服毒, 其毒切入必发, 但有小大迟速不同耳。人家祖宗受人欺侮, 其子孙传说不忘, 乘时遇会, 终须报之。彼我当然, 出尔反尔①, 岂不可戒也?
>
> 言语最要谨慎, 交游最要审择。多说一句, 不如少说一句; 多识一人, 不如少识一人。若是贤友, 愈多愈好。只恐人才难得, 知人实难耳。语云, 要作好人, 须寻好友; 引醇若酸, 哪得甜酒。又云, 人生丧身亡家, 言语占了八分。皆格言也。
>
> 见过所以求福, 反己所以免祸。常见己过, 常向吉中行矣。自认为是, 人不好再张口矣。非是为横逆②之来, 姑且自认不是。其实人非圣人, 岂能尽善。人来加我, 多是自取。但肯反求道理, 自见如此, 则吾心愈细

密，临事愈精详。一番经历，一番进益，省了几多气力，长了几多识见，小人所以为小人者，只见别人不是而已。

人家有体面崖岸之说，大害事。家人惹事，直者置之，曲者治之而已。往往为体面立崖岸，曲护其短，力直其事，此乃自伤体面，自毁崖岸也。长小人之志，生不测之变，多由于此。

世间惟财色二物最迷惑人，最败坏人。故妻妾而外，皆为非己之色。淫人妻女，妻女淫人，夭寿折福，殃留子孙，皆有明验显报。少年当竭力保守，视身为白玉，一失脚即成粉碎；视此事如鸩毒，一入口即立死。须臾坚忍，终身受用；一念之差，万劫莫赎。可畏哉，可畏哉！古人甚祸非分之得，故货悖而入，亦悖而出。吾见世人非分得财，非得财也，得祸也。积财愈多，积祸愈大，往往生出异常不肖子孙，作出无限丑事，资人笑话。层见叠出于耳目之前而不悟，悲夫！吾试静心思之，净眼观之，凡宫室、饮食、衣服、器用，受用得有数，朴素些，有何不好？简淡些，有何不好？人心但从欲如流，往而不返耳。转念之间，每日当省不省者甚多，日减一日，岂不潇洒快话？但力持勤俭两字，终不取一毫非分之得，泰然自得，衾影无作③，不胜于秽浊之富百千万倍耶！

> 人生爵位，自有分定，非可营求。只看得义命二字
> 透，落得做个君子。不然，空污秽清净世界，空玷辱清
> 白家门，不如穷檐破屋，田夫牧子，老死之人不闻者，
> 反免得一番大丑也。

## | 今译 |

爱别人的人，人们总是爱他。尊敬别人的人，人们总是尊敬他。我讨厌别人，别人也讨厌我。我怠慢别人，别人也怠慢我。这是自然而然的感应之理，一定不可以和别人结下怨恨。

与人结下怨恨，就像服毒，这个毒进入身体就一定会爆发，只是有程度大小速度快慢的不同罢了。人家祖宗受人欺侮，他的子孙后代相传不忘，寻找可乘之机，最终一定报复。你怎样做，我就怎样做，让你得到一样的后果，难道不值得引为鉴戒吗？

言谈话语一定要谨慎，与人交往也要慎重选择。多说一句，不如少说一句；多认识一个人，不如少认识一个人。当然，如果是品行好的朋友，那就越多越好。只恐怕人才难得，了解一个人是相当困难的。俗语说，要做好人，必须结交好的朋友；酵母如果酸了，就酿不出甜酒。又说，身败名裂的人，八成是言语不慎引起的。这些都是至理名言啊！

能看见过错才能追求幸福，能自我反省才能免去祸事。经常看到自己的过失，就是经常在吉中行走。自以为是，别人就不好再多说什么了。如果不是横暴无理之事，姑且自认己过。其实人非圣人，哪里能尽善尽美。人来责备我，多是我自己造成。只要愿意反身自求道理，看到这些，那么我的心就能越细密，面对事情时就能越精详。一次经历，一次进步，节省了多少力气，长进了多少见识。小人之所以是小人，就是因为他只能看见别人不对的地方罢了。

一般人有体面崖岸的说法，最是害事。如果家人惹了事情，做得对，置之不问；做错了，惩处他们，如此而已。世间人往往为了体面、立起崖岸，迂回地为他的短处辩护，力图使事情看似正当，这是自伤体面、自毁崖岸的做法。助长小人的志气，发生意外的变化，多由此而来。

世间只有财物和女色最能使人迷乱，最能使人败坏。因此妻妾之外，都是不属于自己的女色。淫人妻女，妻女淫人，（会使人）寿命变短福气折损，殃及子孙，都有明验显证。年轻人应当竭尽全力保护自己，把自己的身体视作白玉，一旦做错事就会粉碎；把贪财贪色之事看作毒药，一进口就立即死亡。一时忍耐，终身受益；一念之差，万劫不复。可怕啊，真可怕啊! 古时的人把没有从正道获得财物看作祸事，不用正道而获得财物，最终一定会被人夺取或者浪费而尽。我看到人们采用不正当手段获得财富，不是得到财富，而是得到灾祸啊。财富越多，祸端越大，往往会有不肖的后代，做出无尽的丑事，沦为人们说笑的材料。这种情况常常出现在眼前却看不明白，可悲啊! 我试着静心思考，净眼看待，凡是房屋、食物、衣服、器具，节俭朴素，有何不好? 简单平淡，有何不好? 但人心却从欲如流、往而不返。转念之间，每一天应当节省而没有节省的很多，一天比一天少，岂不潇洒痛快? 只有尽力践行勤俭两字，始终不求取一丝一毫不应当得到的财物，从容淡定，光明磊落，不胜过那些肮脏的财富百千万倍吗!

人生爵位，自有命定，不是钻营就能得到的。只把道义、天命这两个词看得透彻，就能做一个君子。不然，白白污秽清净世界，白白玷辱清白家门，还不如穷檐破屋，农夫牧民，老死而不为人所知，反而免得出丑。

## | 简注 |

① 出尔反尔: 出自《孟子·梁惠王下》:"出乎尔者，反乎尔者也。"本意是你怎样做，就会得到怎样的后果。此处即用本意，而非今天通常理解的言而无信、反复无常的意思。

② 横逆: 横暴无理。《孟子·离娄下》:"有人于此，其待我以横逆，则君子必自反也。"

③ 衾(qīn)影无作: 指光明磊落，无不可告人之事，故独居无愧。

士大夫居间得财之丑，不减于室女逾墙从人之羞。流俗滔滔，恬不为怪者，只是不曾立志作人。若要做人，自知男女失节，总是一般。

人身顶天立地，为纲常名教之寄，甚贵重也。不自知其贵重，少年比之匪人，赌博宿娼之事，清夜睨而自视，成何面目？若以为无伤而不羞，便是人家下流子弟，甘心下流，又复何言？

捉人打人，最是恶事，最是险事。未必便至于死，但一捉一打，或其人不幸遭病死，或因别事死，便不能脱然无累。保身保家，戒此为要。极不堪者，自有官法，自有公论，何苦自蹈危险耶！况自家人而外，乡党中与我平等，岂可以贵贱、贫富、强弱之故，妄凌辱人乎？家人违犯，必令人扑责，决不可拳打脚踢，暴怒之下有失。戒之，戒之！

古语云：世间第一好事，莫如救难怜贫，人若不遭天祸，施舍能费几文？故济人不在大费已财，但以方便存心。残羹剩饭，亦可救人之饥；敝衣败絮，亦可救人之寒。酒筵省得一二品，遗赠省得一二器，少置衣服一二套，省去长物一二件，切切为贫人算计，存些赢余，为济人急难。去无用可成大用，积小惠可成大德。此为善中一大功课也。

少杀生命最可养心，最可惜福。一般皮肉，一般痛苦物，但不能言耳，不知其刀俎之间何等苦恼。我却以日用口腹，人事应酬，略不为彼思量，岂复有仁心乎！供客勿多肴品，兼用素菜，切切为生命算计，稍可省者便省之。省杀一命，于吾心有无限安处，积此仁心慈念，自有无限妙处。此又为善中一大功课也。

有一种俗人，如庸书①、作中、作媒、唱曲之类，其所知者势力，所谈者声色，所就者酒色而已。与之绸缪，一妨人读书之功，一消人高明之意，一浸淫渐渍，引人不善而不自知，所谓便辟侧媚也，为损不小，急宜警觉。

人失不读书者，但守太祖高皇帝圣谕六言：孝顺父母，尊敬长上，和睦乡里，教训子孙，各安生理，毋作非为。时时在心上转一过，口中念一过，胜于诵经，自然生长善根，消沉罪过。在乡里中作个善人，子孙必有兴者。各寻一生理，专守而勿变，自各有遇。毋作非为，内尤要痛戒嫖、赌、告状，此三者，不读书人尤易犯，破家丧身尤速也。

（《高子遗书》卷十下）

| 今译 |

士大夫利用个人的权势为人办事并从中谋取钱财的丑事，不亚于少女翻墙与人私奔的羞耻。滔滔世俗，之所以不觉得奇怪，只是因为他们不曾立志做人。只要立志做人，就会明白不管男人还是女人，只要是失节，总是一样的。

人身顶天立地，是纲常名教的寄望，非常贵重。不知道自己贵重，少年与不正派的人结交，赌博嫖娼，深夜看看自己，变成了何等面目？如果你认为无伤大雅而不羞愧，就是人家下流子弟，甘心成为下流之人，我又能说什么呢？

捉人打人，是极其丑恶的事，是极其危险的事。不一定就会死，但是一捉一打之间，要是有的人因此不幸生病死亡，有的人因为其他事情死亡，你就不能摆脱这个事情的牵累。保护身体保护家庭，警诫此事最为重要。极其不能忍受的人，自有官法，自有公论，何必使自己陷入危险的境地！况且除了自家人，乡党与我本来平等，哪里能因为地位高低、财富多少、能力强弱的差别，妄自欺凌侮辱别人？家里人违犯家规，一定要让人责罚，但决不可以拳打脚踢，暴怒之下万一有失。要警惕这样的事情，要警惕这样的事情啊！

古语说：世间第一好事，没有比得上救难救穷的，人如果没有遭受上天降下的灾祸，施舍救济他人能花费几文钱？所以救济他人不在于付出自己很多钱财，只在心里记住多给他人方便。剩汤剩饭，也可以使人免于饥饿；破旧衣物，也可以使人免于寒冷。酒席减少一二品，送赠省下一二器，衣服少购一两套，贵重物品省去一两件，恳切为穷人着想，存些赢余，可以救人急难。除去无用之物可以成就有用的事，积累小惠可以成就大德。这是善的一大功课啊。

少杀生最可养心，最可惜福。（动物和我）一样有皮肉，一样会痛苦，只是不能说话，不知道它们在刀板上是何等痛苦啊。我却日日吃肉，设宴应酬，几乎没有为它们思考，又有什么仁心可言！宴请客人菜品不多，兼用素菜，恳切为生命着想，能节省的就节省。少杀一个生命，对我心来说有无限安稳处，积累这种仁爱之心和慈悲之念，自有无限妙处。这又是善的一大功课啊。

有一种庸俗的人，像受雇为别人抄书的人、做买卖交易的中间人、媒人、唱曲的人之类，他所知道的，只是权势；所谈论的，只是声色；所喜好的，只是酒色而已。与他们交往，一来妨碍读书之功，一来消弭高明的意趣，逐渐浸入，引导人往不好的方向人却不自知，这就是所谓便辟侧媚，造成的损失不小，应当速速警觉。

因为各种各样的缘故没有读书的，只要遵守太祖高皇帝圣谕六言：孝顺父母，尊敬长辈，和睦乡里，教育子孙，各自生活安好，不要胡作非为。时刻在心里转一遍，口中念一遍，胜于诵经，自然生长善根，消除罪过。在乡里中做个善人，子孙后代必然会兴盛。各寻一个道理，专心保持不改变，自然就有机遇。不要胡作非为，尤其要戒掉赌博、嫖娼、告状，这三件事，不读书的人更容易犯，家破身死尤为迅速。

## | 简注 |

/

① 庸书：受雇为人抄书。

## | 实践要点 |

/

高攀龙（1562 年—1626 年），字存之，又字云从、景逸，世称"景逸先生"，江苏无锡人，明朝政治家、思想家，东林党领袖，"东林八君子"之一，后人尊称"高忠宪公"。有《高子遗书》十二卷，以及《周易易简说》《春秋孔义》《正蒙释》

《二程节录》《毛诗集注》等书。高攀龙在学术思想上的最大贡献，在于提倡"治国平天下"的"有用之学"，反对"空虚玄妙"。无论在朝在野，高攀龙时刻关注国家的命运，关心百姓的生活，在邪恶面前捍卫了自己的政治理想，保持了清正廉洁的崇高气节。

晚明社会，朝纲废弛，奸佞当道，高攀龙为明皇朝忠臣，与权阉魏忠贤势不两立，绝不阿俯奉迎，取一时之荣华富贵。在取人上他认为"要知圣人取狂狷之意"，因为"狂狷皆与世俗不相入，然可以入道"。正是这个原因，他强调取人以德为先。在告诫子孙慎言语、慎择友的同时，他要求子孙多交贤友。"若是贤友，愈多愈好，只恐人才难得，知人实难耳。"这就是他在严酷的文网吏治境况下，主讲东林书院，与奸佞不屈斗争的精神所在，这对于子孙成长实在是极为有益的教诲。

晚明社会之腐败风气，在中国历史上是人所共知的，酒色财气，人欲横流，上自皇帝，下至士绅，沉溺其中，不可自拔，一部《金瓶梅》，就是生动写照。高攀龙对此自然深恶痛绝，要求子弟朴素度日，保持男子之节；更不许子弟亲近匪人，赌博宿娼，堕入下流。这是日常生活的道理。语虽浅，理尤深，尤其在那个腐败的社会，更是金玉良言。立身处世，当戒除恶习。对待他人，也要救难怜贫。他要求子弟省俭，并非只是为了积累财富，以图家业兴旺，还要用来济人急难，积德行善。他还主张"少杀生命"，这不仅是佛家慈悲心肠，还有为了节俭的目的，并且有助于消弭子弟的暴戾之气，培养其仁爱之心。

高攀龙的《家训》，如家常口语，娓娓道来，亲切生动，因此也极感人。虽是处世经验之谈，但其中时见刚直之性，真正是文如其人，使人读后油然而生敬意。

# 傅山　傅山仕训

　　仕不惟非其时不得轻出，即其时亦不得轻出。君臣僚友，那得皆其人也！仕本凭一"志"字，志不得行，身随以苟，苟岂可暂处哉！不得已而用气①，到用气之时，于国事未必有济，而身死矣。死但云酬君之当然者，于仕之义，却不过临了一件耳②。此中轻重经权③，岂一轻生能了？吾常笑僧家动言"佛为众生"，似矣，却不知佛为众生，众生全不为佛，教佛独自一个忙乱个整死，临了不知骂佛者尚有多多少也。我此语近于沮、溺一流④，背孔孟之教矣。当此时，奔逐于进泊天地，下皆不屑为沮、溺矣，岂如此即皆孔孟耶？但囵囵略道之，尔辈顾素闻大义明矣，何必我口一一诛求。运气当尔，若不达观，真正憋杀几个读书求志之人。须知志即在读书中寻之，不失为门庭萧瑟之风流也。

　　仕之一字，绝不可轻言。但看古来君臣之际，明良喜起⑤。唐虞以后，可再有几个？无论不得君，即得君者，中间忌嫉谗间，能保终始乎？若裴晋公之遇唐宪宗⑥，亦万一耳。

　　　　　　　　　　　　　　　　　（《霜红龛家训》）

　　不只是时机不到不能轻易出来做官，即便时机到了也不能轻易出来做官。君臣、同僚、朋友，怎么可能每个位置上都是合适的人呢？做官本就是凭一个"志"字，志向得不到实行，就会苟且行事，而真正的君子怎么能片刻苟且行事呢？既然做官，万不得已时就为气节而殒身殉国，对国事不一定有帮助，而人已经死了。只是说以身报答君王是理所当然的，但对于出仕的意义不过是自己可以做的最后的事。这其中孰轻孰重，该遵循常道还是寻求权变，怎么是一轻生就能了结的？我常常嘲笑佛教动不动就说佛是为了众生，似乎正确，却不知道佛为了众生，而众生全然不为佛，让佛独自一个忙乱死，最后不知道骂佛的人还有多少。我这话接近长沮、桀溺一类隐士，有悖于孔孟的教诲。在这样一个奔走追逐谋求做官的时代，天下人都不屑于做隐士，难道他们这样就都是谨遵孔孟之道了？只是笼统地大概说说这个道理，你们平时就聆听大义，早已明白，何必我亲口一一责备讲求呢？时运如此，如果不能豁达开朗，随遇而安，不知有多少读书人要郁闷而死了。要知道志向就在读书中寻求，纵使家中冷清贫贱也不失风流。

　　"仕"这个字，绝不可轻言。只要看自古以来的君臣，聪明贤良之士有幸得以起用的，唐尧虞舜的年代之后，又出过几个呢？得不到知人善任的明君就不说了，就算得到君主赏识，仕途之中遭到嫉妒，谗言挑拨，能自始至终得以保全吗？像裴度遇到唐宪宗那种情形，也就万分之一罢了。

/

① 用气: 指为保持气节而殒身殉国。

② 临了一件: 指以身酬君只是士人最后的无奈选择。

③ 经权: 常道和变通, 古称道之至当不变者为经, 反经合道为权。

④ 沮、溺一流: 长沮和桀溺那类人。长沮和桀溺是春秋时的隐士, 曾劝孔子隐居。

⑤ 明良喜起: 聪明贤良之士有幸得以起用。

⑥ 裴晋公之遇唐宪宗: 裴晋公指中唐名相裴度, 官至门下侍郎, 拜平章事, 封晋国公, 为唐宪宗所倚重。宪宗是唐代后期较有作为的皇帝, 他在裴度、武元衡、李吉甫等人的辅佐下削平藩镇, 形成"元和中兴"局面。

| 实践要点 |

/

傅山 (1607 年—1684 年), 山西阳曲 (今山西省太原市) 人, 明清之际思想家、医学家、画家。初名鼎臣, 字青竹, 后改名山, 更字青主。幼年聪颖过人, 读书过目能诵。及长, 逢明季之乱, 坚持气节, 不与腐儒同流。因上书讼阉党陷害忠良一事而闻天下。明亡后隐居不出, 着朱色衣, 居土穴中, 自号朱衣道人。顺治十一年, 受河南狱牵连被捕入狱, 抗词不屈, 绝食九日, 几死。傅山学贯经史百家, 又善丹青及金石篆刻, 但从不为钱财动笔; 博学多闻, 才识超人, 品格高尚, 气节不凡, 受人仰慕, 名满天下, 梁羽生武侠名著《七剑下天山》中的傅青主，即以历史上的傅山为原型。

傅山世出官宦书香之家，家学渊源，精通经史诸子与佛道之学，于功名富贵极为淡泊，明亡隐居后拒不应清廷之诏，以布衣终老。暮年作仕训论述出仕之道：仕须有志，训诫子孙后辈出任官职要"得其时""得其人"，于"国事有济"，否则不得轻出。接着，傅山尖锐地抨击了封建官僚，不凭志，而纯"用气""以死酬君"的愚忠，并以"佛为众生"设喻挪揄封建皇帝和官僚"恤众拯民"的谎言，同时辛辣地讽刺了以孔孟之道治天下、天下却尽是竞进贪婪之辈的丑恶现实，进一步揭露了官场的险恶、黑暗和腐败，忌嫉谗间，难以善始善终，以此告诫子孙洁身自好，成为真正有志之人。

傅山在仕训中得出的结论是，"仕之一字，绝不可轻言"，"志即在读书中"。他认为，既然入仕，必须于国事有济。若不择其时，难以达志，苟且出仕，则毫无用处。读书人所倚仗的是一个"志"字，若志向不能实现，入仕当官则毫无意义，真正明智的是闭门读书，书中寻志，所谓萧瑟门庭自有风流，总比在官场同流合污要高出一筹。其子傅眉虽生当清时，然不仕于清，可谓乃父乃子，一门义士。

# 朱用纯　朱柏庐治家格言

黎明即起，洒扫庭除，要内外整洁；既昏便息，关锁门户，必亲自检点。

一粥一饭，当思来处不易；半丝半缕，恒念物力维艰。

宜未雨而绸缪，毋临渴而掘井。

自奉必须俭约，宴客切勿流连。

器具质而洁，瓦缶胜金玉；饮食约而精，园蔬逾珍馐。

勿营华屋，勿谋良田。

三姑六婆<sup>①</sup>，实淫盗之媒；婢美妾娇，非闺房之福。

奴仆勿用俊美，妻妾切忌艳妆。

祖宗虽远，祭祀不可不诚；子孙虽愚，经书不可不读。

居身务期质朴，教子要有义方。

勿贪意外之财，勿饮过量之酒。

与肩挑<sup>②</sup>贸易，毋占便宜；见贫苦亲邻，须加体恤。

刻薄成家，理无久享；伦常乖舛，立见消亡。

兄弟叔侄，须分多润寡；长幼内外，宜法肃辞严。

听妇言，乖骨肉，岂是丈夫？重资财，薄父母，不成人子。

嫁女择佳婿，毋索重聘；娶媳求淑女，勿计厚奁。

见富贵而生谄容者，最可耻；遇贫穷而作骄态者，贱莫甚。

居家戒争讼，讼则终凶；处世戒多言，言多必失。

毋恃势力而凌逼孤寡，毋贪口腹而恣杀生禽。

乖僻自是，悔误必多；颓惰自甘，家道难成。

狎昵恶少，久必受其累；屈志老成，急则可相依。

轻听发言，安知非人之谮诉③，当忍耐三思；因事相争，焉知非我之不是，须平心暗想。

施惠勿念，受恩莫忘。

凡事当留余地，得意不宜再往。

人有喜庆，不可生妒忌心；人有祸患，不可生喜幸心。

善欲人见，不是真善；恶恐人知，便是大恶。

见色而起淫心，报在妻女；匿怨而用暗箭，祸延子孙。

家门和顺，虽饔飧④不济，亦有余欢；国课早完，即囊橐⑤无余，自得至乐。

读书志在圣贤，非徒科第；为官心存君国，岂计身家。

守分安命，顺时听天；为人若此，庶乎近焉。

（陈宏谋《养正遗规》下卷）

## ｜ 今译 ｜

每天早晨黎明就要起床，先用水来洒湿庭堂内外的地面然后扫地，使庭堂内外整洁；到了黄昏就要休息，要亲自查看一下需要关闭和锁上的门窗。

对于一碗粥或一顿饭，我们都应当想着来之不易；对于做成衣服的半根丝或半条线，我们也要经常想着这些物资的生产是十分艰难的。

凡事要先做准备，就像没下雨的时候，要先把房屋门窗修理好一样；不要等事情来了再想着怎么去干，就像到了口渴的时候，才想起来挖井，那就什么都晚了。

自己日常生活必须节俭，聚会吃饭千万不要留恋。

餐具质朴而干净，即使是用泥土做的瓦器，也胜过金玉器皿；饮食简单而精细，即使是园里种的蔬菜，也胜过山珍海味。

不要营造华丽的房屋，不要图买良好的田地。

三姑六婆，实在是奸淫和盗窃的媒介；美婢娇妾，并非家门的幸福。

家僮、奴仆，不可雇用英俊美貌的；妻、妾，不可有艳丽的妆饰。

祖宗虽然久远，祭祀却仍要虔诚；子孙即使愚笨，经书也不可不读。

做人务必节俭朴实，教子务必依循正道。

不要贪图不属于你的财物，不要喝过量的酒。

和走街串户的小商小贩交易，不要占他们的便宜；看到贫穷困苦的亲戚邻居，要关心同情他们。

依靠剥削而发家的，绝没有长久享受的道理；行事违背伦理常道，很快就会消亡。

兄弟叔侄之间要互相帮助，富有的要资助贫穷的；长幼内外之间要规矩分明，家门整肃言辞庄重。

听信妇人挑拨，而伤了骨肉之情，哪里配做一个大丈夫？看重钱财，而薄待父母，不是为人子女的道理。

嫁女儿，要为她选择贤良的夫婿，不要索取贵重的聘礼；娶媳妇，须求取贤淑的女子，不要贪图丰厚的嫁妆。

看到富贵的人，就做出巴结讨好的样子，是最可耻的；遇着贫穷的人，就做出骄傲的姿态，是最卑贱的。

居家禁止争讼，无论胜败，结果都不吉祥；处世禁止多言，无论何时，言多定会失误。

不可倚仗势力来欺凌压迫孤儿寡妇，不要贪着口腹而任意宰杀有生禽兽。

性格古怪、自以为是的人，必会因常常做错事而懊悔；颓废懒惰、沉溺不悟的人，是很难成家立业的。

亲近不良少年，时间长了，必然会受他牵累；虚心与老成持重的人交往，遇到急难时，就可以得到他的帮助。

他人来说长道短，不要轻信，要再三思考，因为怎么能够知道他不是来中伤别人的呢？和他人因事相争，要平心静气，反省自己，因为怎么能够知道不是我的过错呢？

对人施了恩惠，不要记在心里；受了他人的恩惠，一定不要忘记。

做事当留余地，得意不宜再去。

他人有了喜庆，不可有妒忌之心；他人有了祸患，不可有幸灾乐祸之心。

做了善事，而想他人看见，就不是真善；做了恶事，而怕他人知道，就是大恶。

看到美貌的女性而起邪心的，报应会落在自己的妻子女儿身上；怀怨在心而暗中伤害别人的，祸根会延及自己的子子孙孙。

家里和气平顺，即使缺衣少食，也觉得快活；尽快缴完赋税，即使口袋所剩无余，也自得其乐。

读书，目的在向圣贤学习，不只为了科举及第；做官，要有忠君爱国的思想，不能总是考虑自己和家人的享受。

我们守住本分，努力工作生活，上天自有安排；如果能够这样做人，那就差不多和圣贤做人的道理相合了。

/

① 三姑六婆: 古代指社会上从事某些职业的女子。三姑: 尼姑, 道姑, 卦姑。六婆: 牙婆, 媒婆, 师婆, 虔婆, 药婆, 稳婆。

② 肩挑: 指走街串户的小商小贩。

③ 谮 (jiàn) 诉: 中伤别人。

④ 饔飧 (yōng sūn) 不济: 饭食不能自给, 形容贫苦。饔, 早饭。飧, 晚饭。

⑤ 囊橐 (tuó): 口袋。

| 实践要点 |

/

朱柏庐 (1617 年—1688 年), 名用纯, 字致一。柏庐为其自号, 昆山玉山 (今属江苏) 人。著名理学家、教育家。生平精神宁谧, 严于律己, 对当时愿和他交往的官吏豪绅, 以礼自持。教授乡里, 潜心治学, 以程朱理学为本, 提倡知行并进, 躬行实践。

《朱子治家格言》亦称《朱子家训》, 是以修身、齐家为宗旨, 劝人勤俭持家、安分守己的一篇家训, 内容涉及洒扫应对、择偶交友、求学立志、修身齐家、治国平天下等社会人生的诸多方面, 篇幅短小, 却字字珠玑; 义理宏深, 却读来浅易。这些格言警句虽多少浸染了一些封建色彩, 但其中的理念并不过时。历史悠久的中华美德, 在今天看来仍有积极意义。

# 王夫之　示子侄

立志之始，在脱习气。习气薰人，不醪而醉。其始无端，其终无谓。袖中挥拳[1]，针尖竞利[2]。狂在须臾，九牛莫制。岂有丈夫，忍以身试！彼可怜悯，我实惭愧。前有千古，后有百世，广延九州[3]，旁及四裔[4]。何所羁络？何所拘执？焉有骐驹，随行逐队[5]。无尽之财，岂吾之积？目前之人，皆吾之治。特不屑耳，岂为吾累。潇洒安康，天君[6]无系，亭亭鼎鼎，风光月霁。以之读书，得古人意；以之立身，踞豪杰地；以之事亲，所养惟志；以之交友，所合惟义。惟其超越，是以和易。光芒烛天，芳菲匝地。深潭映碧，春山凝翠。寿考维祺[7]，念之不昧。

（《姜斋文集》）

## 今译

一个人想立志有所作为，首先要摆脱庸俗的习气。习气对人的熏染，像人闻到浑浊的酒气，不饮就醉了。开始时没有头绪，到了最后又不知结果。在衣袖中就已经挥舞拳头，为针尖大小的利益，急于与人争斗。一瞬间的疯狂，九头牛也不能制止住。哪有真正的大丈夫，甘心去做这种事？这些人实在值得可怜，我为他们感到惭愧。前面上溯千古，后面传延百世，广至九州，旁及四边。有什么羁绊？有什么拘束？哪有志在千里的人，愿意和一般的人混在一起？无穷无尽的财富，哪里是自己的积蓄？眼前这些人，都是我应该治理的对象。我只是不屑一顾罢了，这些又岂是我的累赘？为人要潇洒安康，心无牵系，亭立鼎峙，光风霁月。这样去读书，就能领略到古人的深意；这样去立身处世，就能成为英雄豪杰；这样去侍奉父母，就能仰承父母之志；这样去结交朋友，就能合于道义。只有志趣高超，才能谦和平易。灯烛辉煌，光芒遍照，花草遍地，沁人心脾。深潭映着碧波，春山凝成翠色。高寿多福，吉祥长久，念之不忘。

## | 简注 |

① 袖中挥拳：形容迫不及待地跟人争斗。

② 针尖：针的尖端，比喻非常微小的利益。

③ 九州：中国的别称之一。古人将中国划分为九个区域，即所谓的"九州"。根据《尚书·禹贡》的记载，九州分别是：冀州、兖州、青州、徐州、扬州、荆州、梁州、雍州和豫州。

④ 四裔：指幽州、崇山、三危、羽山四个边远地区，因在四方边裔，故称"四裔"，后因以指四方边远之地。

⑤ 逐队：谓随众而行。唐代元稹《望云骓马歌》："功成事遂身退天之道，何必随群逐队到死蹋红尘。"

⑥ 天君：旧称心为天君，古人认为心为思维的器官。《荀子·天论》："心居中虚，以治五官，夫是之谓天君。"

⑦ 寿考维祺：长寿是最大的吉祥。语出《诗经·大雅·行苇》："黄耇台背，以引以翼。寿考维祺，以介景福。"寿考，年高，长寿。祺，福。

## | 实践要点 |

王夫之（1619 年—1692 年），字而农，号姜斋、夕堂，别号一壶道人，湖广衡州府衡阳县（今湖南衡阳）人，明末清初思想家、哲学家，与顾炎武、黄宗羲并称为"明清之际三大思想家"。入清后隐居石船山，著书立说，自署船山病叟、南岳遗民，世称"船山先生"。船山有《周易外传》《周易内传》《尚书引义》《张子正蒙注》等著作达 70 种 324 卷，后人汇编为《船山遗书》。

《示子侄》是王夫之写给子侄的训诫文，由四言韵文写成，言简意赅，文质兼美，勉励子侄去除流俗之习，养出天地正气。篇首强调养成良好行为习惯对立志具有重大作用，"志在学先"，立志必须致力于良好习惯的培养，戒除不良习气。紧接着，阐释了为什么和如何形成美好的精神境界，指出运用所养成的"志"——精神境界和行为习惯，便可无往不利。篇末叮嘱子侄牢记美好祝愿，成为一个高尚之人，字里行间流露出对后辈的拳拳关爱与谆谆教诲。

在诫文中，王夫之谈及自身为人处世的原则：以立志为先。他说："立志之始，在脱习气。"他认为，做人首先要立志，坚定除陋习之志，养就恢弘之志。王夫之的一生都在实践着自己对于志向的追求，即使在饥寒交迫、死亡当前的时刻也从未改变。王夫之的后代得益于他的教育，都大有所为。长子王攽著有《诗经释略》，次子王敔"学问渊博，操履高洁，时艺尤有盛名"。

**图书在版编目（CIP）数据**

历代家训名篇译注 /（蜀汉）诸葛亮等著；余进江
选编译注 . — 上海：上海古籍出版社，2020.11
（中华家训导读译注丛书）
ISBN 978-7-5325-9808-3

Ⅰ.①历⋯　Ⅱ.①诸⋯　②余⋯　Ⅲ.①家庭道德—中
国—古代　Ⅳ.① B823.1

中国版本图书馆 CIP 数据核字（2020）第 222955 号


**历代家训名篇译注**

（蜀汉）诸葛亮等　著

余进江　选编译注

出版发行　上海古籍出版社
地　　址　上海瑞金二路 272 号
邮政编码　200020
网　　址　www.guji.com.cn
E-mail　guji1@guji.com.cn
印　　刷　启东市人民印刷有限公司
开　　本　890×1240　1/32
印　　张　10
插　　页　2
字　　数　235,000
版　　次　2020 年 11 月第 1 版　2020 年 11 月第 1 次印刷
印　　数　1—3,100
书　　号　ISBN 978-7-5325-9808-3/B·1185
定　　价　46.00 元


如有质量问题，请与承印公司联系